Cómo Diseñar un Sistema de Agua por Gravedad

A través de ejercicios aplicados

Primera Edición.
Diciembre 2009.

Santiago Arnalich

Cómo Diseñar un Sistema de Agua por Gravedad

A través de ejercicios aplicados

Primera Edición.
Diciembre 2009.

ISBN: 978-84-612-7532-8

Si deseas utilizar parte de los contenidos de este libro,
contáctanos en publicaciones@arnalich.com.

Foto de la portada: Cubo y cuerda.   Ilustración pág. 5: Arantxa Osés Alvarez

Fe de erratas en: www.arnalich.com/dwnl/xligrax.doc

Revisión: Oliver Style y Amelia Jiménez Martín.

Depósito Legal: M-54613-2008

arnalich

w a t e r   a n d   h a b i t a t

Miles han vivido sin amor, ninguno sin agua.

Wystan Hugh Auden

A Oliver Style y Amelia Jiménez Martín por sus contribuciones.

Índice

1. Introducción

1. 1 ¿QUE CONSTRUYO? ¿VA A FUNCIONAR?

Este libro pretende darte las herramientas para responder a una de estas dos preguntas:

Tengo una población con unas necesidades de agua: **¿Qué tengo que construir?**
Me han propuesto un diseño de un sistema: **¿Va a funcionar?**

En Cooperación es muy frecuente subestimar los sistemas gravitatorios y pensar que funcionan por descontado. Pretender que un sistema por gravedad va a funcionar porque el agua va cuesta abajo, es como pretender que un avión que pierde altura va a aterrizar solo. ¡Mejor que no te pille dentro! En ambos casos el planchazo puede ser importante.

1. 2 ALGUNAS LIMITACIONES

Este no es un libro sobre todas las cosas para todos. Tiene algunas limitaciones necesarias:

- No te muestra cómo elegir material para la red, instalar tuberías o decidir el trazado. Para esto y muchas más cosas tienes otro libro: "*Abastecimiento de Agua por Gravedad*", (S. Arnalich 2008).

- Tampoco te enseña a usar programas de cálculo, pero es una introducción estupenda para ellos. Si quieres aprenderlos tienes: *"Epanet y Cooperación: Introducción al Cálculo de Redes de Agua por Ordenador"*, (S. Arnalich 2007) y *"Epanet y Cooperación. 44 Ejercicios progresivos explicados paso a paso"*, (S. Arnalich 2008).

> Puedes ver gratuitamente estos libros y comprar descargas o copias impresas en: www.arnalich.com/libros.html.

- No trata los acueductos o canales, que también funcionan por gravedad.
- Está centrado en la selección de tuberías. En los proyectos por gravedad hay otros componentes (depósitos, balsas de sedimentación, etc) que también es necesario calcular. Estos están descritos en *"Abastecimiento de Agua por Gravedad"*, (S. Arnalich 2008).

Si estás ante uno de tus primeros sistemas de agua por gravedad y quieres diseñarlo o comprobarlo, continúa leyendo, que esto se ha escrito para ti.

1. 3 COMO ESTA ORGANIZADO

1. **Es progresivo**. Los ejercicios siguen el orden lógico de cálculo de una red y van aumentando en dificultad. Utilízalo cómo mejor te parezca, sabiendo que si respetas el orden quizás te rasques menos la cabeza.

2. **Es complementario** a *"Abastecimiento de Agua por Gravedad"*, donde se explican con más detalle todos los aspectos de un proyecto, no simplemente el diseño. A veces se hacen llamadas a él, pero como sabes puedes consultarlo gratuitamente en línea. Este es el "Libro de teoría" que se menciona en ocasiones con un búho.

3. Tiene **contenido online**. Para descargarlo, sigue los enlaces que se proponen.

4. Tiene algunos **símbolos** para facilitar la lectura.

5. **Quizás tenga alguna errata**.

    5.1 Consulta la fe de erratas en: www.arnalich.com/dwnl/xligrax.doc

5.2 Infórmanos si encuentras alguna escribiéndonos a:
publicaciones@arnalich.com.

1. 4 LLEVANDO LAS UNIDADES Y DEJANDO LOS ERRORES

Para llegar a un diseño coherente tendrás que hacer muchos cálculos muy sencillos a mano. Aunque sean sencillos, muchos de ellos son tan propensos a tener errores y tan traicioneros de pensar como las dobles negaciones o los días que hay entre 2 fechas.

Si tienes la disciplina de llevar las unidades descubrirás muchos de estos errores antes de que afecten a tu estabilidad emocional. Mira, por ejemplo, estos dos cálculos de la misma conversión de unidades de m^3/h a l/s:

$14\ m^3/h = 14\ m^3/h * 1m^3/1.000l * 3.600s/1h = 14*3.600/1.000\ m^3*m^3*s/h*l*h$
$= 50,4\ l*m^6/\ h^2*s$

¡¿ $l*m^6/\ h^2*s$?! Si como yo no conoces esta unidad de caudal, algo fue mal.

$14\ m^3/h = 14\ m^3/h * 1.000l/1m^3 * 1h/3.600s = 14*1.000/3.600\ m^3*l*h/h*m^3*s$
$= 3,88\ l/s$

Observa que los resultados son muy diferentes.

NOTA: Multiplicar por 1h/3.600s es lo mismo que multiplicar por 1/1, ya que una 1 hora y 3.600 segundos es la misma cosa. Si te resulta más fácil, puedes pensarlo como que "hay 1 hora en cada 3.600 segundos". El resultado es un cambio de unidades.

¡Haz como digo y no como hago! Para que leas los ejercicios con menos esfuerzo a veces omito algunas unidades.

2. Tuberías

2. 1 HIDRAULICA PARA CREYENTES

Es frecuente que la teoría detrás de los sistemas de aguas en ocasiones intimide, desmotive y dificulte el proceso de aprendizaje. Ya tendrás ocasión de leerla más adelante cuando te veas más suelto. De momento, sólo necesitas tener fe en estos 7 principios:

1. Cuando el agua no fluye, la presión que tiene un punto es la diferencia de cota entre el grifo y la superficie del agua en contacto con el aire. Esto es independiente del recorrido.

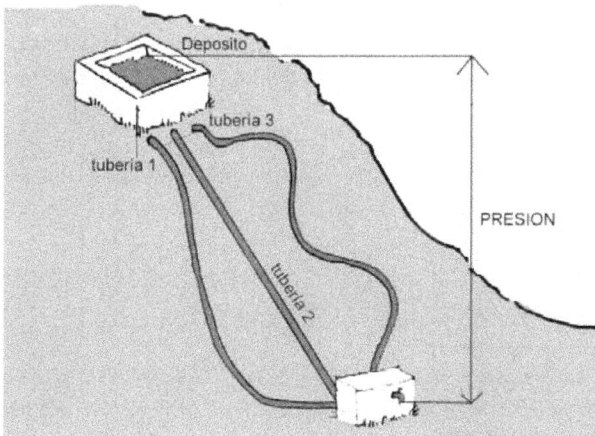

2. La presión se puede medir en metros (de columna de agua). 10 metros equivalen a 1 bar o un kg/cm^2.

3. Cuando el agua fluye se pierde parte de la energía almacenada en forma de presión por rozamiento.

4. La pérdida de presión se puede expresar en metros por cada kilómetro de recorrido (m/km).

5. Cuanto menor diámetro más presión se pierde, "se está estrangulando" la tubería.   (¡Asegúrate que lees esta nota[1]!)

6. El material de una tubería afecta a la fricción. Cada material tiene una rugosidad distinta (y un diámetro interior ligeramente diferente).

7. Una red funciona si la presión está entre 10 y 30 metros en los grifos y en ningún punto del recorrido menor que 10 metros.

Presta atención nuevamente a este último principio:

"Una red funciona si la presión está entre 10 y 30 metros en los grifos y en ningún punto del recorrido es menor que 10 metros."

Diseñar una red es elegir los diámetros para que se cumpla este punto. Eligiendo los diámetros controlas que la caída de presión sea la adecuada para que los usuarios no se desesperen con un caudal minúsculo (presión insuficiente), ni se duchen cada vez que abre un grifo (presión excesiva).

2. 2 USANDO LAS TABLAS DE PERDIDA DE CARGA

La manera más rápida de averiguar la pérdida de presión en una tubería cuando pasa un caudal determinado, es usar las tablas del fabricante. El proceso es muy simple:

1. Busca la tabla del material, presión nominal y diámetro que quieres usar. Por ejemplo, PVC 90mm de 10 bares (PN10).

2. Busca el caudal que debe transportar la tubería y lee la pérdida de carga. Por ejemplo, un caudal de 1,25 l/s produce 1 m/km.

---

[1] *No te dejes engañar por la experiencia de que estrangulando una manguera el agua llega más lejos.¡Para que la sangre te llegue a la cabeza seguro que no te estrangulas! Este es uno de los errores más frecuentes en cooperación.*

PVC Ø90 -DI 81,4mm- PN 10		
J (m/km)	Q (l/s)	v (m/s)
0,50	0,841	0,16
0,60	0,933	0,18
0,70	1,019	0,20
0,80	1,100	0,21
0,90	1,177	0,23
1,00	1,250	0,24
1,10	1,319	0,25

Pérdida de carga, pérdida por fricción, pendiente hidráulica o J son la misma cosa.

En los Anexos A y B, tienes las tablas genéricas. Puedes usarlas a falta de datos más precisos o para calcular si aún no sabes a quién se le comprarán.

Dos cosas importantes si estás ya ante un proyecto real:

- Las pérdidas de carga varían ligeramente de unos fabricantes a otros. Si el fabricante te proporciona datos fiables, utiliza los suyos preferentemente.

- Las tuberías se llaman comercialmente con el diámetro interno en las metálicas y el externo en las de plástico (PVC y PEAD). Una tubería de 25mm de plástico y una de metal de también 25mm, tienen en realidad distinto diámetro interior.

Abreviaturas:

E, Energía disponible. Es la energía en forma de presión que hay en un sistema cuando no hay fricción.

J, Pérdida de carga. Lo que pierde la tubería por km de recorrido.

D, Pérdida de presión. La presión disipada en todo el recorrido.

P, Presión. La presión que queda tras las pérdidas.

¿Cuál es la pérdida de presión en 1 km de tubería de PEAD de 110mm y PN 10 cuando transporta 2 l/s?

1. En la tabla de PEAD, 110mm y PN 10, la pérdida de carga para 1,999 l/s es: $J_{110} = 1$ m/km.

2. La pérdida de presión es:

$$D = 1 \text{ m/km} * 1 \text{ km} = 1\text{m}.$$

PEAD Ø110 -DI 96,8mm- PN 10		
J (m/km)	Q (l/s)	v (m/s)
0,50	1,347	0,18
0,60	1,495	0,20
0,70	1,632	0,22
0,80	1,761	0,24
0,90	1,883	0,26
1,00	1,999	0,27
1,10	2,110	0,29

2 ¿Cuál es la pérdida de presión de 5 km de tubería de PEAD PN 10 63 mm que transporta 2 l/s?

1. En la tabla de PEAD, 63mm y PN 10 la pérdida de carga para 2,038 l/s es: J_{63} = 15 m/km.

2. La pérdida de presión es:

   D = 15 m/km * 5 km = 75m.

PEAD Ø63 -DI 55,4mm- PN 10		
J (m/km)	Q (l/s)	v (m/s)
0,50	0,293	0,12
0,60	0,326	0,14
0,70	0,357	0,15
12,00	1,799	0,75
15,00	2,038	0,85
20,00	2,393	0,99

3 ¿Cuál es la pérdida de presión de una tubería de PVC 10 bar que es de 110mm en sus primeros 500m y de 90mm en los 300m finales si transporta 3,6 l/s?

1. Mirando en las tablas de PVC de 10 bares, se obtiene 2,25 m/km para la tubería de 110mm, es decir, J_{110} = 2,25.

2. Para 3,594 l/s, J_{90}= 6,5 m/km (la pérdida de carga de la tubería de 90mm es 6,5 m/km).

3. La pérdida de presión de todo un recorrido es la suma de la pérdida de presión que causa cada tramo:

   Tramo 110mm: D_{110} = 0,5 km * 2,25 m/km = 1,125m
   Tramo 90mm: D_{90} =0,3 km * 6,5 m/km = 1,95m

   D_{Total} = 1,125m + 1,95m = 3,075m ó 0,3075 bar.

4 Desde un depósito a 63m de altura, se instala una tubería de 2 km de PVC 200mm 10 bar que alimenta a un abrevadero a 41m. ¿Cuál es la presión en la salida al ¨`p_^ÑPabrevadero si el paso de agua está cortado? ¿Y si pasan 27 l/s?

1. La presión con el grifo cerrado es la diferencia de cotas:

P = 63m - 41m = 22m.

2. Para 26,99 l/s, J_{200} = 4,75 m/km. La pérdida de presión es:

D = 2 km * 4,75 m/km = 9,5m.

3. La presión de salida es la que estaba disponible menos la que se ha consumido por fricción:

P = 22m – 9,5m =12,5m o 1,25 bar.

Se quiere suministrar 1,25 l/s desde un manantial a una cota de 32m a una fuente pública a 15m. Si la distancia es 4 km, ¿qué diámetro de tubería de PVC 10 bar habría que instalar para que el agua llegue a 13m de presión?

¡Presta atención a este ejercicio! Es el primero en el que eliges un diámetro para la tubería. Una vez lo consigas ya tendrás la herramienta clave.

1. La presión disponible es la diferencia de cotas: E = 32m - 15m = 17m.

2. La presión que hay que perder para que el agua salga a 13m es:

D = 17m – 13m = 4m

3. Estos 4m se van a perder sobre una distancia de 4 km, por lo que la pérdida de carga es:

J = 4m / 4km = 1 m/km.

4. Buscando en las tablas el diámetro de tubería de PVC que produce 1 m/km de pérdida de carga para 1,25 l/s es 90mm.

¡Enhorabuena! Acabas de diseñar tu primer sistema.

PVC Ø90 -DI 81,4mm- PN 10		
J (m/km)	Q (l/s)	v (m/s)
0,50	0,841	0,16
0,60	0,933	0,18
0,70	1,019	0,20
0,80	1,100	0,21
0,90	1,177	0,23
1,00	1,250	0,24
1,10	1,319	0,25

2. 3 AVERIGUANDO VALORES INTERMEDIOS

Hasta ahora has trabajado con valores preparados, pero lo más frecuente es que al ir a mirar en las tablas el dato que necesitas se quede colgando entre dos valores. Para averiguarlo puedes hacer una interpolación lineal. La fórmula genérica es liosilla pero sencilla:

$$\frac{J_x - J_{inf}}{J_{sup} - J_{inf}} = \frac{Q_x - Q_{inf}}{Q_{sup} - Q_{inf}}$$

Donde: J_x, valor pérdida carga a hallar.
J_{inf}, J del caudal inmediatamente inferior.
J_{sup}, J del caudal inmediatamente superior.
Q_x, caudal del problema.
Q_{inf}, caudal inmediatamente inferior.
Q_{sup}, caudal inmediatamente superior.

Si no quieres aprenderte fórmulas ni depender del libro, el razonamiento geométrico es muy sencillo (aunque puedes saltártelo que no me ofendo). En un triángulo rectángulo las distancias deben ser proporcionales, o lo que es lo mismo, a/A tiene que ser igual que b/B. La distancia a es J_x-J_{inf}, la A es J_{sup}-J_{inf}, la b es Q_{sup}-Q_x y la B es Q_{sup}-Q_{inf}.

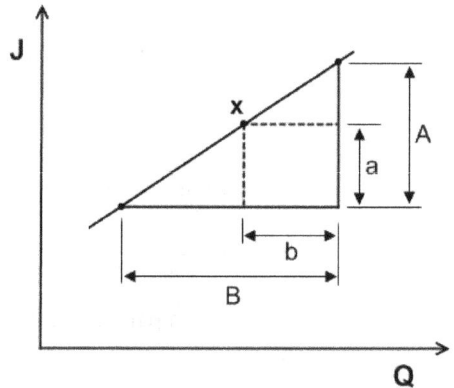

Como te vas a hinchar a interpolar hasta para la red más simple, hazte una calculadora con una hoja de cálculo como Excel o descarga ésta:

www.arnalich.com/dwnl/interpolador.xls

En una tubería de PVC 10 bar y 90mm, ¿cuál es la pérdida de carga para 6 l/s?

1. Mira en las tablas de PVC. No hay un valor suficientemente cercano, o es 5,723 l/s o 6,71 l/s.

2. Usando la fórmula obtienes el valor de la pérdida de carga:

$$\frac{J_x - J_{inf}}{J_{sup} - J_{inf}} = \frac{Q_x - Q_{inf}}{Q_{sup} - Q_{inf}}$$

$$\frac{J_x - 15}{20 - 15} = \frac{6 - 5,723}{6,71 - 5,723}$$

$J_x = 15 + (20-15) (6 - 5,723)/(6,71-5,723) = 16,4$ m/km

Usando la calculadora propuesta debes llegar al mismo resultado:

	Punto anterior	x	Punto posterior
Caudal	5,723	6	6,71
J	15	16,4	20

2. 4 MEZCLANDO TUBERIAS

Imagina que tienes que transportar 2 l/s y que para llegar a la presión adecuada tienes que perder 10 m/km. La tubería de 63mm de PEAD pierde 15 m/km y la siguiente que puedes comprar, 90mm, pierde sólo 2,5 m/km. ¡La tubería que necesitas no se fabrica!

La solución es mezclar las dos tuberías hasta conseguir la pérdida deseada. Para averiguar que longitud necesitas puedes seguir este razonamiento:

La pérdida de presión de x metros tubería A junto con la pérdida de presión de los metros restantes de tubería B es la pérdida total que necesito.

Traducido a una ecuación:

$$J_a {}^* x + J_b(d-x) = D$$

Donde, J_a, Pérdida de carga de la tubería A
J_b, Pérdida de carga de la tubería B
x, Longitud de la tubería A

d, es la longitud total

D, pérdida de presión a producir

Si x son los metros de tubería A que se deben instalar, lo que queda a instalar con tubería B es d-x.

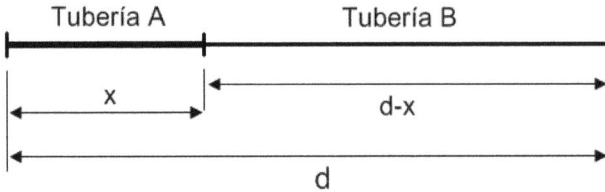

Es muy importante que recuerdes que la **tubería de mayor diámetro se coloca casi siempre primero** de manera que el agua pase primero progresivamente por tuberías cada vez más pequeñas. Normalmente no tiene sentido colocar tuberías pequeñas seguidas de otras más grandes. Si en un futuro hay que hacer conexiones o aumenta la demanda, una tubería pequeña colocada demasiado pronto estrangularía el resto del sistema.

7 **¿Qué tubería de PEAD instalarías para perder 20m de presión en 2 km para un caudal de 2 l/s**

1. Averiguamos la pérdida de carga de las tuberías:

   J_{63}= 15 m/km. Para 2 km se pierden 15 m/km * 2km = 30m   ¡Demasiado!
   J_{90}= 2,5 m/km. Para 2 km se pierden 2,5 m/km * 2km = 5m   ¡Muy poco!

2. Como ya habrás sospechado la solución consiste en mezclar tuberías:

   $$J_a{}^*x + J_b(d-x) = D$$

   $$J_{63}{}^*x + J_{90}(d-x) = D$$

   $$15 \text{ m/km} * x + 2,5 \text{ m/km} (2-x) = 20m$$

   $$15x + 5 - 2,5x = 20$$

   $$12,5x = 15 \quad \rightarrow \quad x = 1,2 \text{ km de tubería A}$$

d-x = 2 km – 1,2 km = 0,8 km de tubería B

Cuando cojas más soltura funcionarás más por tanteo y error *corriendo las fórmulas* en una hoja de cálculo que utilizando estas ecuaciones. Pero todo a su tiempo…

2. 5 AÑADIENDO EL PERFIL TOPOGRAFICO

Hasta ahora hemos ignorado el recorrido de la tubería. Con tener el punto inicial y final nos bastaba. Si ya te sientes cómodo con las tablas podemos complicarlo un poco más considerando el perfil topográfico que atraviesa la tubería.

Aquí el protagonista es la última parte del último principio. Aprovecha que es buen momento para darles otro vistazo y refrescarlos.

"[La presión]… en ningún punto del recorrido menor que 10 metros".

Imagina que tuvieras un perfil similar a este:

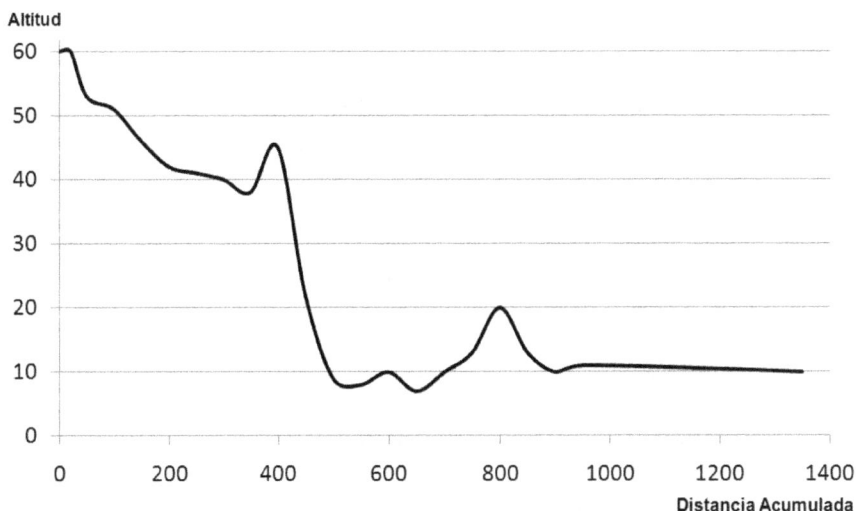

A efectos prácticos, si consigues pasar 10 metros por encima de los principales obstáculos, no te tienes que preocupar del resto del recorrido:

En este perfil hay dos puntos críticos, las crestas A y B a 400 y 800m. Vamos a pasarlos en el próximo ejercicio.

Altitud

Distancia Acumulada

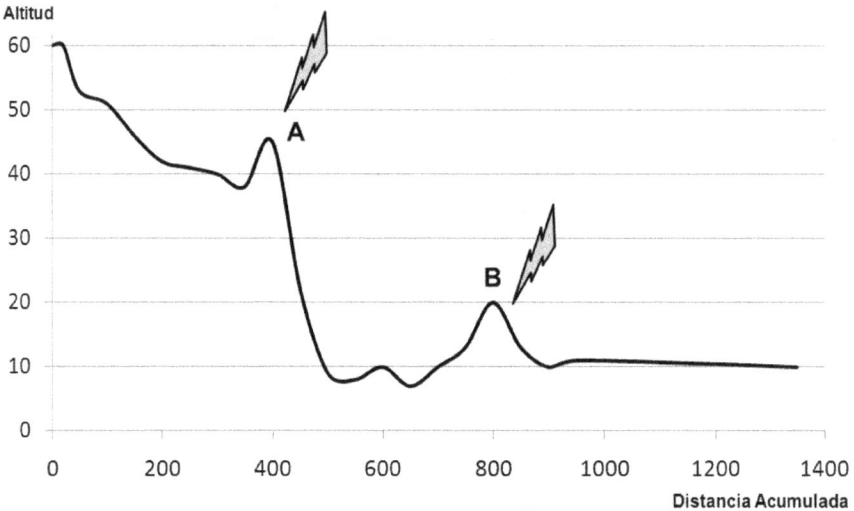

8 ¿Qué tuberías de PEAD instalarías para llegar a los 1.400 metros con 2 bares de presión residual para un caudal de 4 l/s?

1. Busca los puntos críticos. Observa que B no es realmente un punto crítico porque su cota elevada en 10 metros es 30m y el punto en el que hay que entregar el agua es 10m + 20m = 30m (recuerda, 2 bares es equivalente a 20m). El punto de destino y B estarían a la misma altura.

2. Calculamos el primer tramo de tubería para llegar a A con al menos 10m de presión, es decir, con 46m + 10m. La pérdida de carga máxima sería:

J_{max}= (60-56m) / 0,4 km = 10 m/km.

3. En las tablas, J_{90}= 9 m/km. La pérdida de presión del tramo es:

D= 0,4 km * 9 m/km = 3,6m

4. Para el segundo tramo de tubería, el punto de partida es 60m – 3,6m = 56,4m de energía. Cómo el punto de destino es 30m, la pérdida de carga necesaria es:

J= (56,4- 30)m / (1,4-0,4)km = 26,4 m/km

5. En las tablas, J_{90}= 9 m/km. Para averiguar el valor de J_{63} hay que interpolar:

	Punto anterior	x	Punto posterior
Caudal	3,752	4	4,396
J	45	**50,78**	60

6. Hay que instalar una mezcla de tuberías en los mil últimos metros:

$$J_{63}*x + J_{90}(d-x) = D$$

$$50,78 \text{ m/km} * x + 9 \text{ m/km} (1-x) = 26,4m$$

$$50,78x + 9 -9x = 26,4$$

$$41,78x = 17,4 \quad \rightarrow \quad x = 0,416 \text{ km de tubería de 63mm}$$

$$d-x = 1 \text{ km} - 0,416 \text{ km} = 0,584 \text{ km de tubería 90mm}$$

Por lo tanto se instalaran 400m + 584m = 984m de PEAD 90mm PN 10 seguidos de 416m de PEAD 63mm PN 10 (¡en este orden!).

Si tienes la tentación de correr a diseñar tus tuberías, ten paciencia y acaba este capítulo. Todavía hay cosas que no se han visto por mantener los ejercicios sencillos y que pueden dar al traste con todos tus esfuerzos.

2. 6 VISUALIZANDO LA ENERGIA Y LA PRESIÓN

¿Metros de energía? ¿Metros de presión?

La razón por la que se usan estas unidades tan poco ortodoxas la vas a ver muy pronto: permiten visualizar todo en la misma escala.

En esta sección vas a aprender a *ver* tus cálculos. Verás el perfil que muestra la energía del agua junto al perfil topográfico. La distancia vertical entre estos dos perfiles te va a permitir hacerte una idea de la presión.

Este es el gráfico del ejercicio 8 que acabas de hacer:

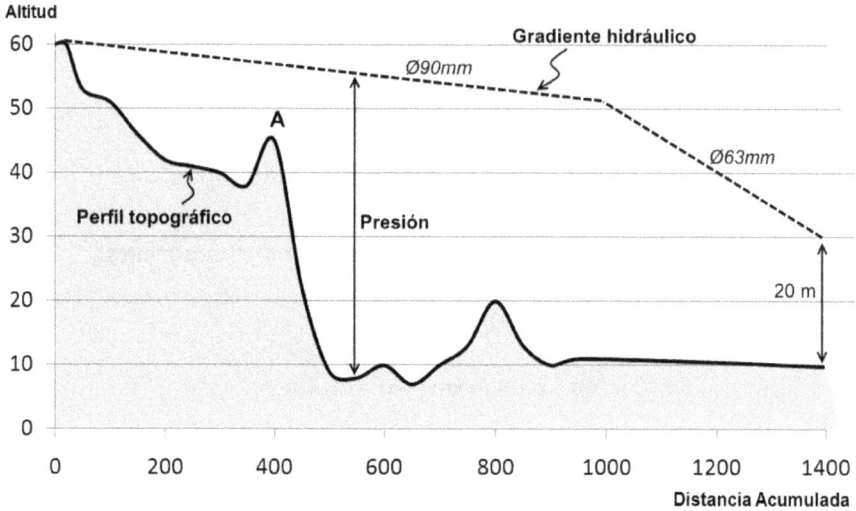

La línea de **gradiente hidráulico** (**LGH** en adelante) representa la energía que tiene el agua. Ha partido con 60 *metros de energía,* todos ellos debidos a la altura. La presión que tiene un punto concreto es la diferencia entre el gradiente hidráulico y la altura del terreno.

Como la energía se va perdiendo por rozamiento durante el recorrido, la LGH se va inclinando. Esa inclinación es la J que tantas veces has calculado. En el primer tramo de tubería de 90mm hasta el cambio de tubería a 984 m, la caída era de 9 m/km. Después, se inclina más con el cambio a 63mm para reflejar la caída de 50,78 m/km.

Ahora es buen momento para que leas las secciones 1.4 y 1.5 del libro de teoría. La sección 1.5, *La analogía del parapente*, te presenta una manera de ver los cálculos más intuitiva, ¡ésta no te la saltes! Puedes continuar con el *Vuelo de iniciación* que se propone en el apartado 1.6, que es muy similar ejercicio 8.

Ojo, es muy frecuente confundirse y creer que la LGH es por donde va la tubería. ¡La tubería va siguiendo al terreno!

El recorrido que sigas para instalar una tubería de una longitud cualquiera entre un punto y otro determinado no afecta a la presión en ese punto (vasos comunicantes). En otras palabras, si tienes una manguera, la presión a la salida es la misma esté enrollada, escrupulosamente recta o tirada de cualquier manera.

Diseña la conducción de PVC necesaria para alimentar un depósito de agua con un caudal constante de 5 l/s sobre el perfil propuesto con una presión de 1 bar a la salida.

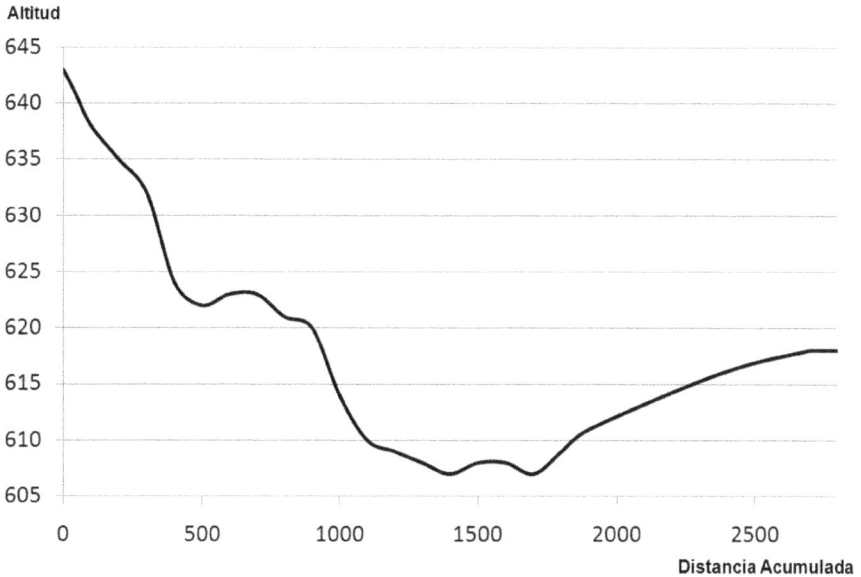

1. Define el punto de llegada y busca los puntos críticos. El punto de llegada es la cota, 618m más la presión necesaria, 1 bar: 618m + 10m = 628m.

Presta atención a las escalas con la que te presentan el estudio topográfico. Un primer vistazo a este perfil te puede dar la falsa sensación de que la caída es grande y no va a haber puntos críticos. Ajustando la escala vertical un poco se pueden apreciar mejor:

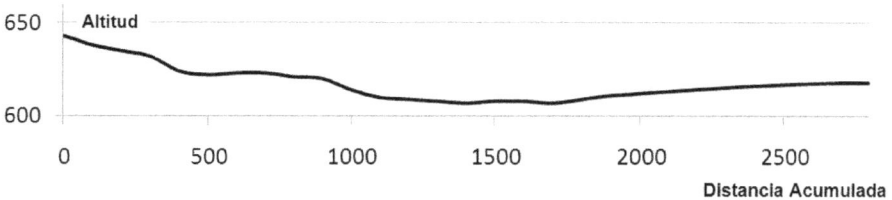

La necesidad de calcular precisamente se ve claramente en un perfil con las escalas correctas… ¡en realidad es muy plano!

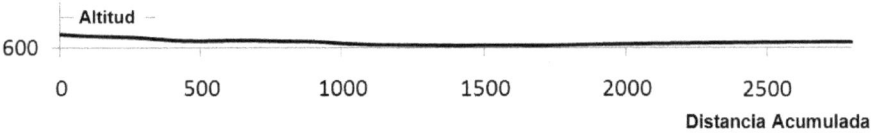

Volviendo al perfil ampliado, habría dos obstáculos antes del punto de llegada. El punto A lo es por su cercanía al punto de partida. El punto B es un pequeño obstáculo. El punto C es la llegada con 1 bar de presión.

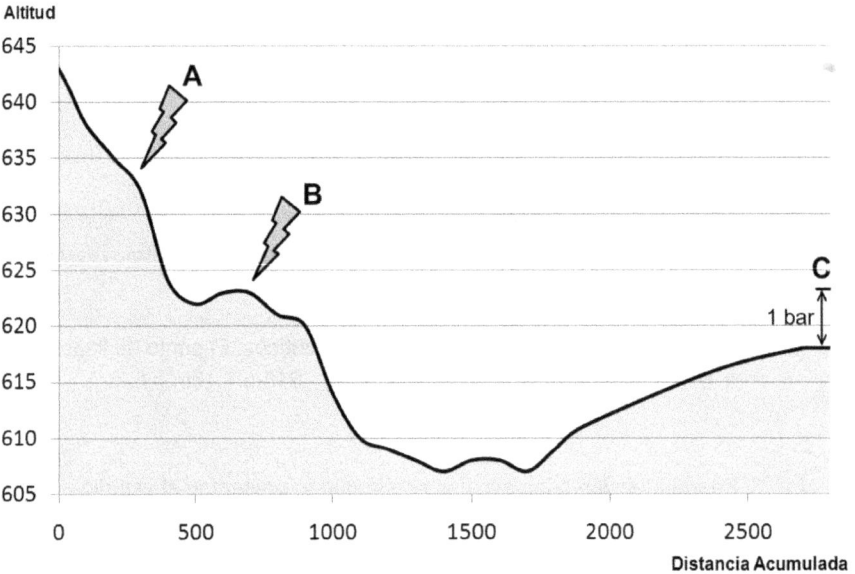

Una forma de hacerlo es apuntar directamente al punto C y ver si la LGH se acerca peligrosamente a los puntos:

2. La caída máxima es: 643m – 618m - 10m = 15m. Como puede caer 15m en 2,8 km, la pendiente hidráulica es: J_{max} = 15m / 2,8 km = 5,36 m/km.

La altura sobre los puntos críticos se averigua llevando hasta ellos la pendiente hidráulica que acabas de calcular, es decir, multiplicándola por la distancia a cada punto crítico:

3. El primero tiene una cota de 632m y una distancia acumulada de 300m. La pérdida de presión será: D = 0,3 km * 5,36 m/km = 1,6m

    La presión en ese punto será la total disponible, menos la pérdida y menos la cota del terreno, es decir, P = 643m – 1,6m - 632m = 9,4m.

A pesar de que está a menos de 10m, ésto es normal porque el sistema no puede coger toda la presión de golpe, necesita un cierto trayecto de caída para poder presurizarse. A no es realmente un punto crítico.

4. El segundo está a 600m de distancia y 623m de altura. Repitiendo el proceso:
    D = 0,6 km * 5,36 m/km = 3,22m
    P = 643m – 3,22m - 623m = 16,78m. No es un punto crítico.

    Como no hay obstáculos, se puede apuntar directamente al punto de llegada.

5. Para averiguar las tuberías de PVC necesarias buscamos pérdidas de carga cercanas a 5,36 m/km para 5 l/s:

    J_{110} = 4 m/km para un caudal de 4,97 l/s
    J_{90} = 12 m/km para un caudal de 5,057 l/s

    La tubería de 110mm es suficientemente próxima para no instalar mezclas de tuberías. La presión en el punto de llegada sería:

    P = 643m – 618m – 2,8 km * 4m/km =13,8m.

Si fuera importante llegar con exactamente 10m, se instalaría una mezcla de tuberías.

10 **Dimensiona la conducción de PEAD necesaria para alimentar una red de distribución con un caudal punta de 8 l/s y a una presión entre 1 y 3 bares sobre el perfil propuesto.**

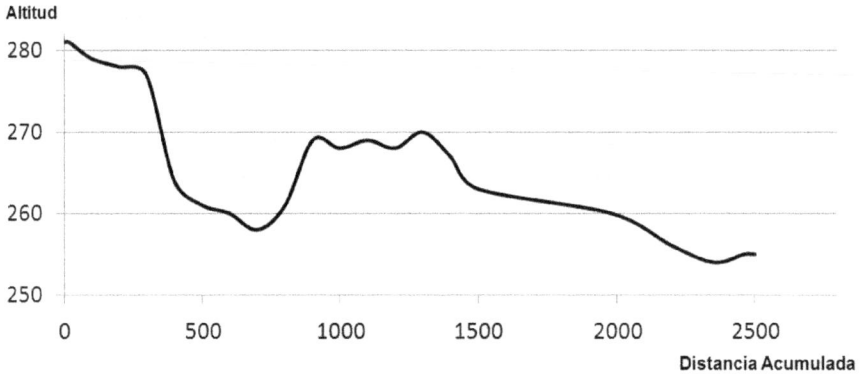

1. En este caso existe claramente un punto crítico a los 1300m. El gradiente hidráulico se acercará también al terreno en los 300m. En ese punto no se puede llegar a los 10 metros de presión por la escasa altura disponible.

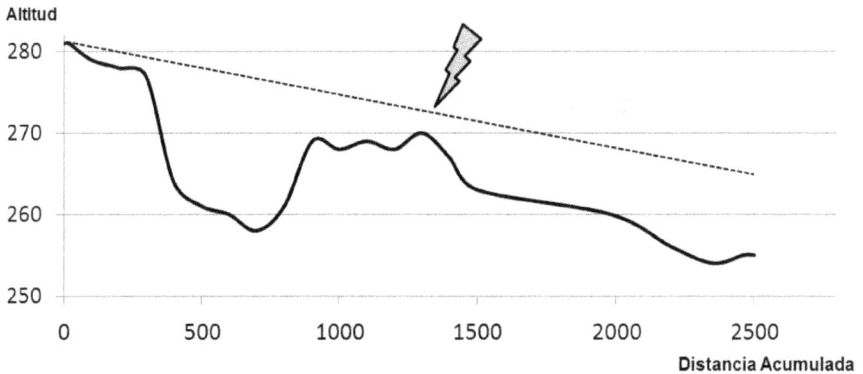

2. Para llegar al punto 1300 con 10 metros de presión, la pérdida de carga máxima es:

$$J_{max} = (281m - 270m + 10m) / 1,3km = 0,77m/km$$

3. Mirando en las tablas de PEAD, J_{200}=0,7 m/km para 8,221 l/s. Para hallar el valor correspondiente a 8 l/s puedes interpolar:

	Punto anterior	x	Punto posterior
Caudal	7,539	8	8,221
J	0,6	**0,67**	0,7

Observa que para valores de pérdida de carga tan bajos apenas se gana en precisión, sólo 0,007 bar en este caso.

4. La presión en el punto 1.300 es: P = 281m - 270m- 1,3km * 0,67 m/km = 10,13m.

5. La LGH es casi horizontal en este primer tramo, lo que también permite pasar el resalte de los 300m con la mayor parte de la presión disponible.

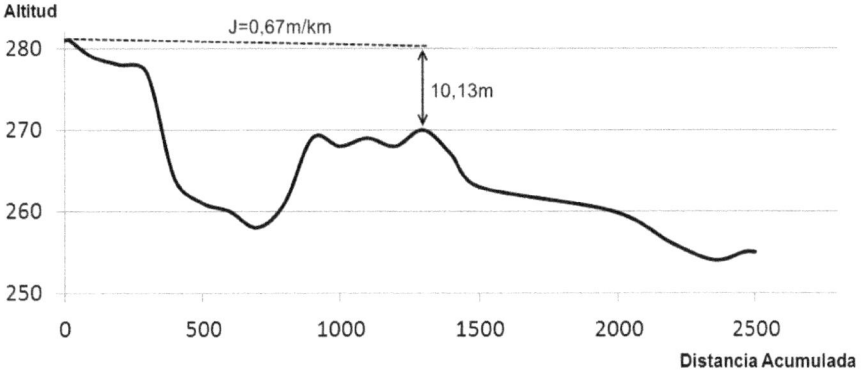

6. Para el segundo tramo, se parte desde 280,13m para llegar a 265m (255m+10m). La energía disponible es la correspondiente a 15,13m (280,13m – 265m), sobre una distancia de 1.200m:

$$J_{max} = 15,13m / 1,2 km = 12,61 m/km$$

7. En las tablas de PEAD 110mm y 10 bar, para 8,04 l/s la pendiente es 12 m/km, es decir, J_{110}= 12 m/km.

8. Como se partía de 280,13 m del tramo anterior, la presión en el destino es:

$$280,13 m – 255 m – 1,2 km * 12 m/km = 10,73 m   (1,07 bar)$$

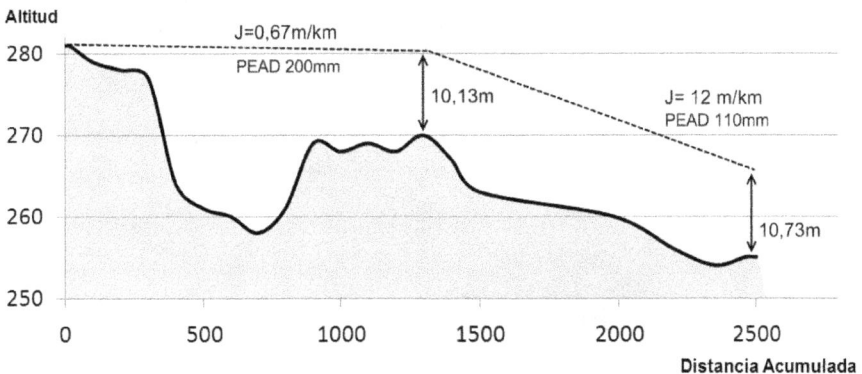

Diez metros es la presión mínima, y 10,73 no es mucho más. En un caso real es buena idea trabajar con más margen. Para lograrlo, se hubiera prolongado la tubería de 200mm un poco. Puedes calcular por tu cuenta cuanto hubiera aumentado la presión si se prolongara 200 metros (Solución:13m)

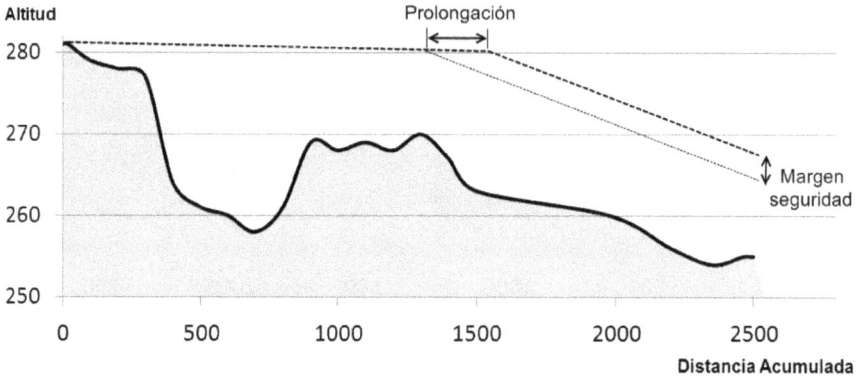

2.7 PRESION MAXIMA DE TRABAJO DE LA TUBERIA

Hasta ahora has mirado las crestas para evitar presiones bajas. Pero los valles también pueden dar problemas si la presión que se genera es excesiva para la tubería. En condiciones normales, intenta que la tubería **no trabaje a más del 80%** de su capacidad, es decir:

Para tuberías de: PN10, 10 bar * 0,8 → 8 bares de máxima presión
PN16, 16 bar * 0,8 → 12,8 bares de máxima

La tubería soportará la máxima presión cuando el agua no circula y no se disipa presión por rozamiento. Por ello, para los cálculos de presión máxima no hace falta considerar ningún caudal o pérdida de carga. La LGH está horizontal y sólo hay que ver la diferencia de altura entre los puntos más bajos y ésta.

Por ejemplo, en el ejercicio 10 la presión máxima se alcanzaría en el valle más bajo:

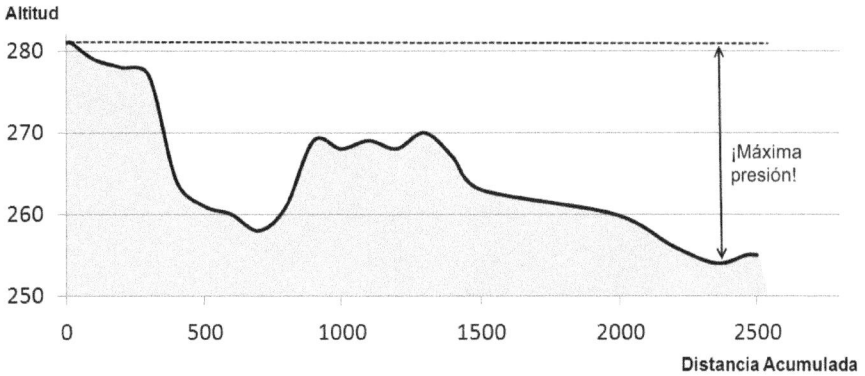

La presión máxima es la diferencia entre cotas, 281m – 253,5m = 27,5 m

Como 2,75 bar es menor que 8 bar, basta con instalar tubería de PN10.

11 **Desde un manantial a 345 metros de altura se pretende abastecer con un caudal continuo de 3 l/s un depósito a 324m de altura y 3,75 km aguas abajo. Seleccionar las tuberías necesarias sobre este perfil, sabiendo que van a estar ancladas sin enterrar:**

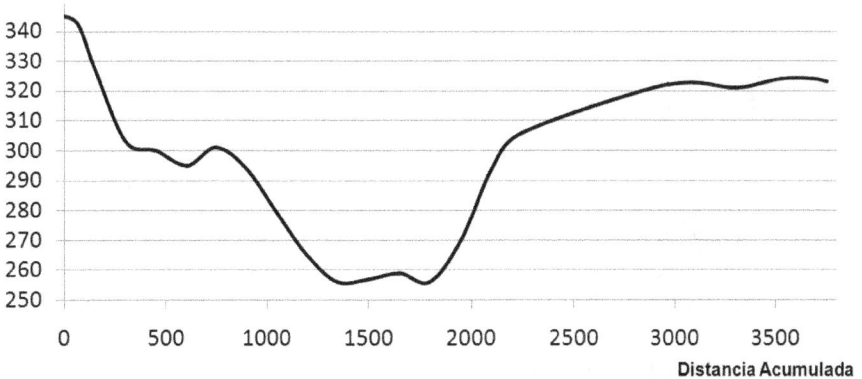

1. La diferencia entre el punto más alto, 345m y el más bajo, 255m, son 90m. Cuando el agua no circula se producirán 90m de presión sobrepasando en 10 metros el 80% de la presión máxima de tuberías de 10 bares. En algunos puntos habrá que instalar tuberías PN16.

2. Para determinar esos puntos se resta la presión máxima, 80m, a la cota más elevada:

345m – 80m = 265 m

Cualquier punto por debajo de 265m debe llevar instalada tubería de 16 bares.

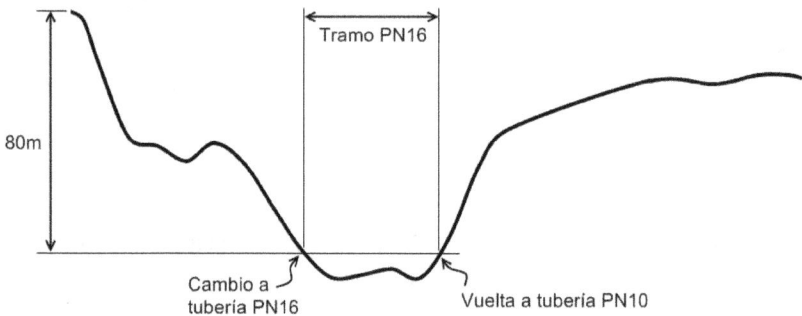

Las tuberías de PN16 producen mayores pérdidas de presión que las de PN10, por eso están tabulados los valores para las dos presiones. Saber de antemano qué tramos son de tubería PN16 te ahorrará trabajo.

3. Averigua los diámetros necesarios de la misma manera que has venido haciendo hasta ahora, pero prestando atención hacia los puntos de cambio de tubería. Como no hay ningún obstáculo, puedes apuntar directamente al punto de llegada a 324 metros más la presión residual.

La tubería va a descargar libremente a un depósito. Para evitar el desgaste de las piezas y el revestimiento y que la válvula de cierre por flotador tenga que vencer mucha presión, es bueno llegar con la presión mínima, 10m.

4. El punto de llegada es 324m + 10m = 334 m. Si el punto de partida está a 345m, se pueden perder 11 metros: 345m – 334m = 11m. La pérdida de presión que se consigue es:

$$J= 11m / 3,75 km = 2,93 m/km$$

El PVC se degrada con el sol, no se puede instalar sin enterrar. Se deben mirar las tablas de PEAD.

5. En ellas para 2,957 l/s, J_{110}= 2 m/km. Este valor es suficientemente cercano y nos deja margen.

6. La distancia hasta el punto de transición a PN16 es 1200 m, luego la pérdida de presión en ese tramo es: D = 2 m/km * 1,2 km = 2,4m

7. El tramo de PN16 tiene una longitud de 600m. En las tablas de PEAD 110mm PN16 para 3,053 l/s, J_{110} = 3 m/km. La presión que se pierde en el segundo tramo es: D= 3 m/km * 0,6 km = 1,8m.

8. De los 11m metros de presión que podíamos perder quitando las pérdidas de los dos tramos que acabas de calcular quedan: 11m – 2,4m – 1,8m = 6,8m.

    El tramo restante tiene una longitud de 3.750m – 1.200m – 600m = 1.950m.

    La pérdida de carga a la que apuntar es: J= 6,8m / 1,95 km = 3,49 m/km.

9. Como no hay ninguna tubería en PN10 que consiga esta pérdida se mezcla tubería de 90mm y de 110mm. J_{90}= 5,5 m/km y J_{110}= 2 m/km.

    $$J_a*x + J_b(d-x) = D$$

    $$J_{90}*x + J_{110}(d-x) = D$$

    5,5 m/km * x + 2 m/km (1,95-x) = 6,8m

    5,5x + 3,9 – 2x = 6,8

    3,5x = 2,9   →   x = 0,829 km de tubería de 90mm.

    d-x = 1,95 km – 0,829 km = 1,121 km de tubería de 110mm.

Para construir este sistema hacen falta:

    1.200m + 1.121m = 2.321m de PEAD 110mm PN10
    600m de PEAD 110mm PN16
    829m de PEAD 90mm PN10

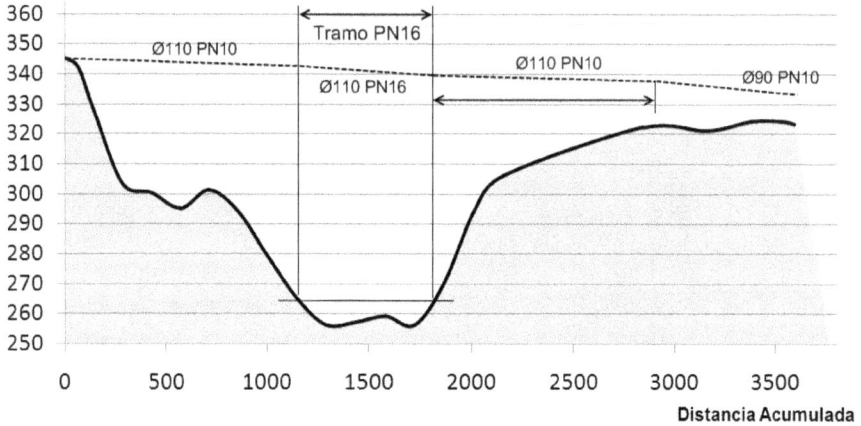

Distancia Acumulada

2. 8 RAMIFICACIONES

En esta sección vas a aprender a calcular redes con ramificaciones, que es el caso más frecuente. El procedimiento es exactamente el mismo, sólo hay que tener en cuenta que caudal pasa por cada tubería e ir calculando las ramas una a una.

En una red con una única ramificación y dos consumos terminales de 3 y 2 l/s, la tubería principal debe transportar el caudal total que luego se desvía para cada rama:

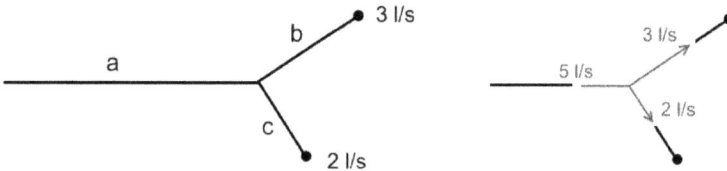

Al añadir una ramificación el procedimiento sigue siendo el mismo. Las tuberías d, c y e transportan los consumos terminales 1, 3 y 2 l/s respectivamente. En b se junta el consumo de d y el de c, por tanto pasan 1+3 l/s = 4 l/s y por a la suma de b y e, 4+2= 6 l/s.

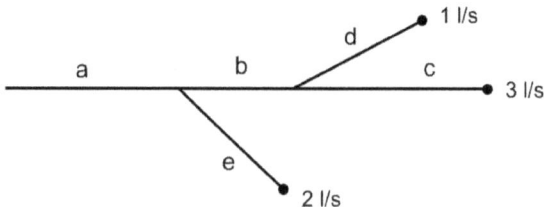

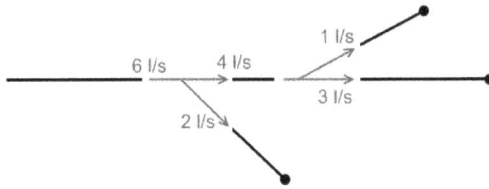

12 Dimensiona las tuberías de PVC necesarias para que funcione el siguiente sistema desde un manantial a 32m a dos fuentes públicas a 7m y 0 m.

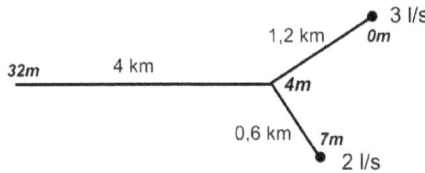

1. La primera tubería lleva todo el consumo del sistema, 3+2= 5 l/s. Las otras dos sólo tienen que transportar el consumo final. Llamamos *a* a la tubería de 4 km, *b* a la de 1,2 km y *c* a la última.

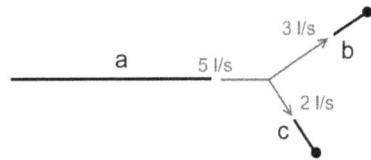

2. No hay ningún punto en que la presión pueda ser mayor que 8 bares, por tanto, todas las tuberías serán PN10.

3. La energía en la ramificación debe ser suficiente como para que luego permita llegar el agua a cada punto. Su elección es una habilidad que llega con la experiencia. Mientras, debes probar por ensayo y error.

4. Viendo que el punto más alto es 7m, me parece razonable intentar llegar con 20m a la ramificación. Eso me deja 3 m de energía a consumir en la tubería *c* si llego con 1bar de presión residual: 20m – 7m – 10m = 3m.

5. Para llegar con 20m, la pérdida de carga a la que apuntar para *a* es:

J= (32m-20m) / 4 km = 3 m/km

6.   Mirando en las tablas de PVC para 5 l/s, J_{110}= 4 m/km y J_{160}= 0,7 m/km. No se pueden instalar 4 km de 110mm por que no llegaríamos a los ramales con suficiente presión. Por otro lado, instalar los 4 km de 160mm puede hacer que le proyecto sea demasiado caro.

Si a la hora de diseñar parece probable que haya ampliaciones, es mejor colocar la tubería mayor. Si el proyecto anda muy justo de dinero entonces tendrías que instalar una mezcla de tuberías de los dos diámetros según has visto en los ejercicios anteriores.

7.   Como casi siempre hay limitaciones de presupuesto, calculamos la mezcla:

$$J_{110}*x + J_{160}(d-x) = D$$

$$4 \text{ m/km} * x + 0,7 \text{ m/km} (4 -x) = (32-20)\text{m}$$

$$3,3x + 2,8 = 12$$

$$3,3x = 9,2 \quad \rightarrow \quad x = 2,79 \text{ km de tubería de 110mm}$$

$$d-x = 4 \text{ km} - 2,79 \text{ km} = 1,21 \text{ km de tubería de 160mm.}$$

El primer tramo será 1,21 km de 160mm seguidos de 2,79km de 110mm.

8.   En la tubería *b* pasan 3 l/s sobre una distancia de 1,2 km. Partiendo de 20m de energía en la ramificación, la pérdida de carga para llegar con al menos 1 bar es:

$$J_{max} = (20\text{m} -0\text{m} -10\text{m}) / 1,2 \text{ km} = 8,3 \text{ m/km.}$$

9.   Mirando en las tablas para 3 l/s, J_{63} es un valor entre 20 y 30 m/km (demasiado grande). J_{90}= 4,75 m/km. Sobre una distancia de 1,2 km, la pérdida de presión es, D = 1,2 km * 4,75 m/km = 5,7m. Si partíamos de 20m, la presión a la salida de la tubería *b* sería:

P= 20m – 0m – 5,7m = 14,3m o 1,43 bar, lo que da cierto margen sobre el mínimo.

10.   La tubería *c* distribuye 2 l/s sobre 0,6 km, luego:

$$J_{max} = (20\text{m} – 7\text{m} – 10\text{m}) / 0,6 \text{ km} = 5 \text{ m/km.}$$

$J_{90} \approx 2,5$ m/km

P = 20m – 7m – 2,5 m/km * 0,6 km = 11,5 m o 1,15 bar.

El resultado final es:

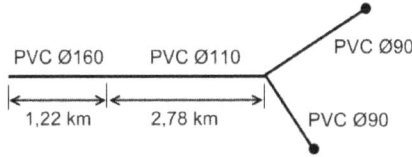

13 **Dimensiona las tuberías de PVC necesarias para que funcione el siguiente sistema desde un depósito a 102 m a tres depósitos en tres aldeas de cotas 71m, 81 m y 12 m.**

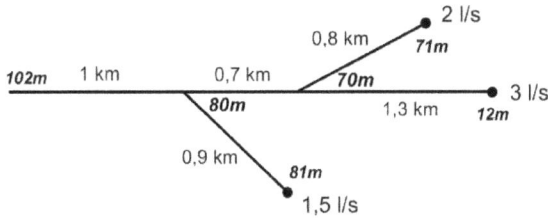

1. Al ser depósitos, se va a intentar llegar con la presión mínima, 1 bar, para evitar el desgaste de las válvulas de flotador y ahorrar en tubería.

2. Los caudales son los siguientes:

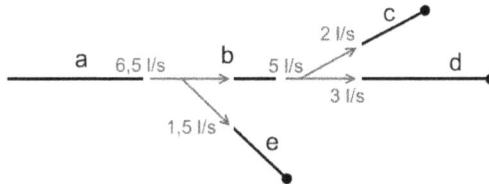

3. La tubería *d* va a requerir PN16 en algún momento: 102 – 12 = 90m > 80m. Como no hay perfil topográfico para mantener las cosas sencillas en este ejercicio, vamos a suponer que son los últimos 200m los que requieren PN16.

4. Apuntando a llegar a la primera intersección con 95m:

J= (102m -95m) / 1km = 7 m/km

$J_{110,\ 6,5\ l/s}$ = 6,5 m/km

E = 102m – 6,5 m/km * 1 km = 95,5m → Tubería *a* 110mm.

5. Tubería *e*:

J_{max} = (95,5m – 81m -10m) / 0,9 km = 5 m/km

$J_{63,\ 1,5\ l/s}$ = 7,5 m/km $J_{90,\ 1,5\ l/s}$ = 1,4 m/km (Mezcla de diámetros necesaria)

J_{63}*x + J_{90} (d-x) = D

7,5 m/km * x + 1,4 m/km (0,9 -x) = (95,5 -10 -81)m

6,1x + 1,26 = 4,5m

6,1x = 3,24   →   x = 531m de tubería de 63mm

d-x = 0,9 km – 0,531 km = 369 m de tubería de 90mm.

6. Tubería *b*, apuntando a 85m en la segunda ramificación:

J= (95,5m -85m) / 0,7km = 15 m/km

$J_{90,\ 5\ l/s}$ = 12 m/km

E = 95,5m – 12 m/km * 0,7 km = 87,1 m → Tubería *a* 90mm.

7. Tubería *c*:

J_{max} = (87,1m – 71m -10m) / 0,8 km = 7,625 m/km

$J_{63,\ 2\ l/s}$ = 12 m/km $J_{90,\ 2\ l/s}$ = 2,25 m/km

J_{63}*x + J_{90} (d-x) = D

12 m/km * x + 2,25 m/km (0,8 -x) = 87,1m − 71m -10m

9,75x + 1,8m = 6,1m

9,75x = 4,3   →   x = 441m de tubería de 63mm

d-x = 0,8 km − 0,441 km = 359 m de tubería de 90mm.

8. Como se ha explicado en el punto 3, la tubería *d* tiene dos tramos, uno de 1,1 km de PN10 y otro de 0,2 km de PN16. Ambos tienen que perder para colocar la presión entre 1 y 3 bares:

$$J_{max} = (88,5m − 12m - 10m) / 1,3 \text{ km} = 51,15 \text{ m/km} → 1 \text{ bar}$$
$$J_{max} = (88,5m − 12m - 30m) / 1,3 \text{ km} = 35,76 \text{ m/km} → 3 \text{ bar}$$

Interpolando, $J_{63, 3 l/s, PN10}$ = 26,39 m/km

	Punto anterior	x	Punto posterior
Caudal	2,583	3	3,236
J	20	**26,39**	30

Lo ideal sería intentar una mezcla de tuberías en la que la primera fuera PN10 y la segunda PN16. Durante 1,1 km, la pérdida de presión sería 26,39 m/km * 1,1 km = 29,03m.

La presión que queda por disipar al final de 1,1 km de esta tubería es:

P = (88,5m − 12m − 29,03m) = 47,47m

En el tramo de 200m debería tener una pérdida de carga que como máximo lleve la presión a 3 bar:

$$J_{min, PN16} = (47,47m - 30m) / 0,2 \text{ km} = 87,35 \text{ m/km}$$

Oops, ¡no hay valores tan altos en las tablas! Esta es una situación poco frecuente pero que a veces ocurre en terrenos muy abruptos. En estos casos, puedes calcular los valores que te faltan usando directamente la fórmula de Hazen-Williams al final del Anexo B, sabiendo que para PVC y PEAD, el coeficiente de fricción es 140 y para hierro galvanizado es 120. Estos valores, tómalos con precaución para tuberías de menos de 50mm y velocidades mayores de 3 m/s.

9. El valor para una tubería de 40mm (ojo diámetro interior 36,2mm) es 252 m/km según la fórmula de Hazen-Williams. Demasiado grande.

En estos casos, en lugar de instalar una mezcla de tuberías donde una de ellas apenas tendría 100m, es más práctico instalar una válvula de bola que estrangule el flujo para disipar el exceso de presión. Otra alternativa es hacer pasar el flujo por un agujero muy pequeño:

Fig. Difusor de orificio, Jmeijmeh, Líbano.

Si la tubería es suficientemente pequeña, menor de 25 mm, y no son muchos puntos, se podría también instalar válvulas reductoras de presión que en esos diámetros son baratas y comunes:

Fig. Válvula reductora de presión (VRP), Velrub, Azerbaián.

En ese caso, la red quedaría:

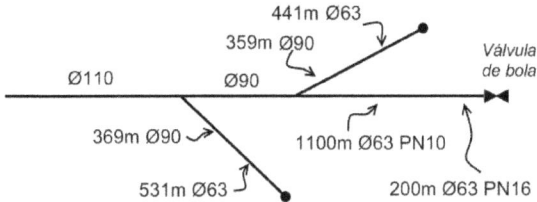

A continuación tienes un **ejercicio de confirmación**, con menos explicaciones y los perfiles topográficos con una presentación más real. Es básicamente el ejercicio anterior pero añadiendo perfiles. Si lo sigues y haces por tu cuenta, enhorabuena, el resto del libro ya es cuesta abajo. En caso contrario toma tiempo para volver a ver las páginas anteriores más detenidamente.

14 Calcula la red propuesta para PEAD con una presión en los grifos de 1,5 a 3 bares y con estos datos topográficos:

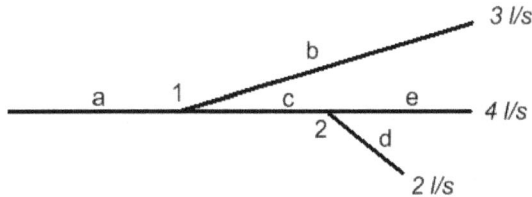

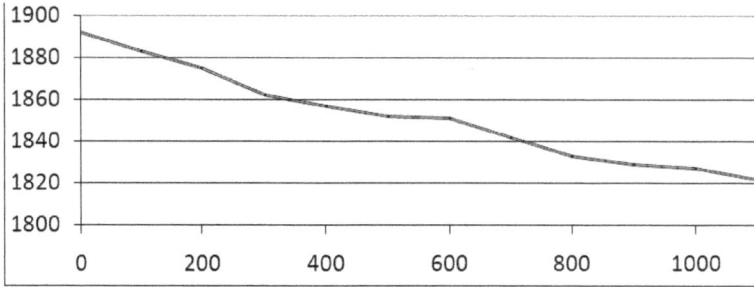

H.	1892	1883	1875	1862	1857	1852	1851	1842	1833	1829	1827	1822
Long	0	100	100	100	100	100	100	100	100	100	100	100
L. Acum.	0	100	200	300	400	500	600	700	800	900	1000	1100

1   2   F2 (4 l/s)

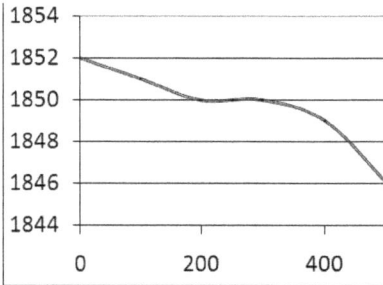

H.	1852	1851	1850	1850	1849	1846
Long	0	100	100	100	100	100
L. Acum.	0	100	200	300	400	500

1   F1 (3 l/s)

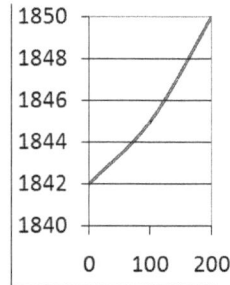

H.	1842	1845	1850
Long	0	100	100
L. Acum.	0	100	200

2   F3 (2 l/s)

Para evitar apuntar a presiones muy bajas, se toma 15m como presión mínima para el diseño. Si luego salen valores entre 15m y la absoluta mínima de 10m, se puede valorar si se acepta o no. La idea es dejar algo más de presión mínima salvo que sea impráctico en algún punto mantener la presión por encima de 15m y se acepten valores hasta 10m.

TRAMO A

La tubería *a* debe transportar 9 l/s. En el punto 1, su cota es 1852m, muy próxima a la de las fuentes F1 (1846m) y F3 (1850m). Debemos tener presión residual suficiente para los trayectos de las ramas. Con 10m no se puede conseguir. Tentativamente podemos apuntar hacia los 25m de presión, lo que permite una pérdida de carga de:

$$1852m + 25m \text{ de presión} = 1877m$$

$$(1892m-1877m)/0,500km = 30m/km$$

En las tablas, no hay un valor suficientemente próximo a 9 l/s en tubería de 90mm. Hay que averiguarlo por interpolación lineal:

$$\frac{J_x - J_{inf}}{J_{sup} - J_{inf}} = \frac{Q_x - Q_{inf}}{Q_{sup} - Q_{inf}}$$

Donde: J_x, valor pérdida carga a hallar
J_{inf}, J del caudal inmediatamente inferior
J_{sup}, J del caudal inmediatamente superior
Q_x, caudal del problema
Q_{inf}, caudal inmediatamente inferior
Q_{sup}, caudal inmediatamente superior

$$\frac{J_x - 30}{45 - 30} = \frac{9 - 7,798}{9,74 - 7,798} \rightarrow J_x = 39,28 m/km$$

La energía disipada será: 0,5km * 39,28m/km = 19,64m

La presión residual en 1 es: 1892m - 1852m − 19,64m = 20,36m

20,36 metros es un valor próximo a los 25 planteados inicialmente.

TRAMO C

La tubería c debe transportar 6 l/s en total sobre una distancia de 200m. Manteniendo la presión en 20m en el punto 2, el agua tendrá presión para subir de nuevo en el ramal d.

$$J_{max} = (20,36m + 1852m - 1842m -20m)/0,2 \ km = 51,8 m/km$$

Ninguna tubería se aproxima a este valor. Sin embargo, como la distancia es pequeña y no es necesario conseguir exactamente 20m (22m o 24m son igual de válidos), usamos tubería de 90mm. Para 6,2 l/s J= 20 m/km. La presión en el punto 2 será:

$$P_2 = 20,36 +1852m - 1842m - (20m/km*0,2km) = 26,36m$$

TRAMO E

La tubería e debe transportar 4 l/s en total sobre una distancia de 400m con una presión residual entre 1,5 y 3 bares (15-30m). Se trata de encontrar una tubería con pérdida de carga entre estos valores para 4 l/s:

$$J_{min}= (26,36m + 1842m - 1822m -30m)/0,4 \text{ km} = 40,9m/km$$
$$J_{max}= (26,36m + 1842m - 1822m -15m)/0,4 \text{ km} = 78,4m/km$$

Mirando las tablas para una tubería de 63mm:

45,00	3,752	1,56
60,00	4,396	1,82

Para 4 l/s el valor de J estará entre 45m y 60m, y por tanto también entre 40,9m y 78,4m.

Para calcular la presión residual se busca este valor interpolando:

$$\frac{J_x - 45}{60 - 45} = \frac{4 - 3,752}{4,396 - 3,752} \qquad J_x = 50,78m/km$$

Este valor está entre los anteriores. La presión residual será

$$P_{F2}= 26,36 +1842m - 1822m - (50,78m/km*0,4km) = 26,04m$$

La rama principal queda determinada:

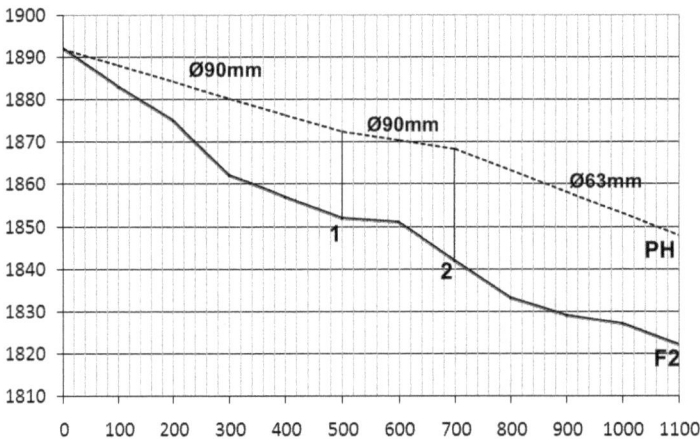

RAMA B

La tubería *b* debe transportar 3 l/s sobre una distancia de 500m hasta una cota de 1846m partiendo de 1852m. La presión en 1 se ha calculado en 20,36m.

$$J_{max}= (20,36m + 1852m - 1846m -15m)/0,5 \text{ km} = 22,72m/km \text{ o menor.}$$

Mirando las tablas para una tubería de 90mm, se obtiene un valor de 5,5m/km. Se debe comprobar que no se excede la presión máxima:

$$P_{F1} = 20,36 + 1852m - 1846m - (5,5m/km*0,5km) = 23,61m$$

En caso de que se hubiera sobrepasado, se hubiera instalado una mezcla de diámetros.

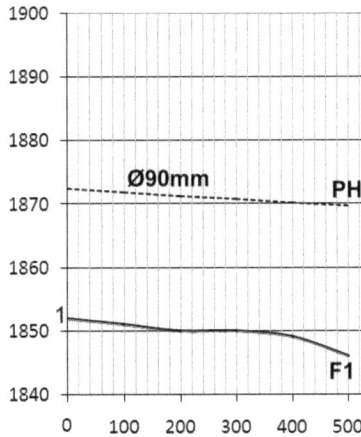

RAMA D

La tubería *d* debe transportar 2 l/s l sobre una distancia de 200m hasta una cota de 1850m partiendo de 1842m. La presión en 2 se ha calculado en 26,36m.

$$J_{max} = (26,36m + 1842m - 1850m - 15m)/0,2\ km = 16,8m/km\ o\ menor.$$

Mirando las tablas para una tubería de 63mm, se obtiene un valor de 15m/km. Se debe comprobar que no se excede la presión máxima:

$$P_{F3} = 26,36 + 1842m - 1850m - (15m/km*0,2km) = 15,36m$$

El diagrama parcial queda:

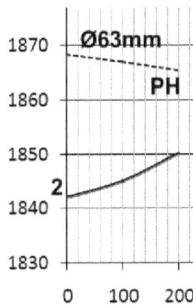

Colocando todas las ramas en la misma gráfica:

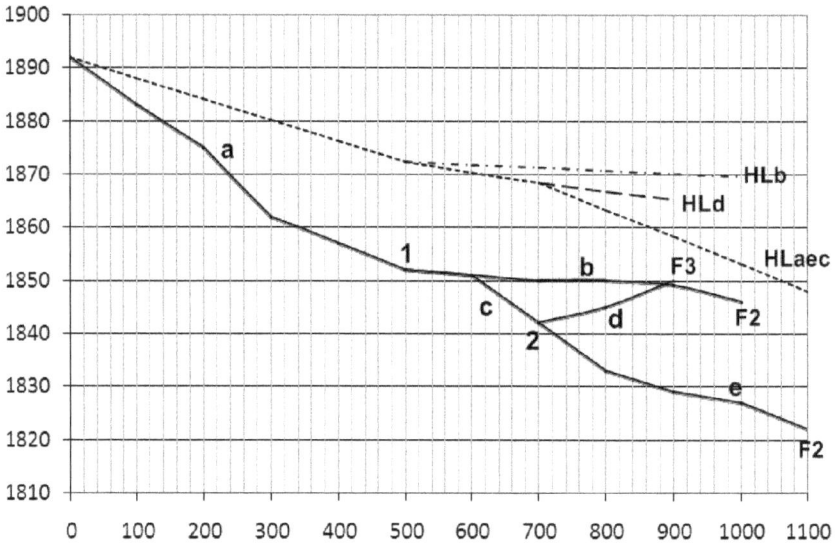

Observa que cuando no haya consumo, por la noche por ejemplo, la presión del punto F2 es 1892m-1822m = 70m. Esta presión en la salida de un grifo es peligrosa e inservible para las personas. En el próximo capítulo vas a aprender cómo se soluciona.

2. 9 PERDIENDO PRESION

Un exceso de presión es tan desesperante como tener un hilo de agua. La fuerza del agua produce una mezcla con aire tan poco manejable como la gaseosa agitada, que sale de cualquier recipiente apenas dejando unos dedos de agua una vez que las burbujas desaparecen. Las salpicaduras acaban invariablemente duchando al usuario y la zona se encharca.

Además de los puntos de uso, **lo ideal es que las redes funcionen a la menor presión posible**. A mayor presión, más averías y rupturas, más caudal cuando hay una fuga, más desperdicio de agua en los puntos y más frustración en los usuarios. Para disipar el exceso de presión hay dos soluciones, una válvula reductora de presión o un tanque de ruptura de presión.

La **válvula reductora de presión** (VRP) es una solución más sofisticada que no siempre es fácil ni suficientemente robusta en un contexto de cooperación. Esta válvula se fija a un valor determinado. Para calcular la red, se parte de la cota donde está instalada más ese valor. Por ejemplo, si la cota es 39m y se fija en 2 bares, la energía del agua será 59m después de la válvula independientemente de la que le llegara. A partir de ahí se calcula como has hecho hasta ahora.

El **tanque de ruptura de presión** (TRP) consiste en abrir la tubería a la atmósfera dentro de un depósito. Esto produce la despresurización completa, de la misma manera que un pinchazo (apertura a la atmosfera de una cámara) despresuriza una rueda. Es decir, la presión vuelve a 0 como en el punto de partida.

Mira el apartado 12.3 del libro de teoría si quieres saber más.

La diferencia fundamental entre ambas, es que mientras la válvula reductora la puedes colocar en bastantes puntos y luego programar el valor de presión que quieres tener, el TRP tiene que estar tantos metros por encima del consumidor más bajo como presión máxima se acepte.

15 Calcula las tuberías de PEAD necesarias para abastecer la fuente con un máximo de 3 bares suponiendo que se utiliza una válvula reductora de presión.

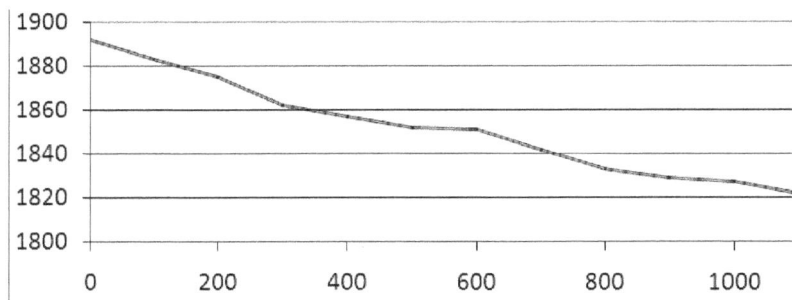

H.	1892	1883	1875	1862	1857	1852	1851	1842	1833	1829	1827	1822
Long	0	100	100	100	100	100	100	100	100	100	100	100
L. Acum.	0	100	200	300	400	500	600	700	800	900	1000	1100

F2 (4 l/s)

(Es el mismo perfil topográfico que el ejercicio anterior, pero para este ejercicio sólo existe la rama principal).

1. A todos los efectos se calcula como si no hubiera VRP. La válvula no afecta a los diámetros de la tubería, solo sirve para reducir la presión en los momentos en los que hay menos consumo.

2. La válvula se instalaría como máximo 30m por encima del consumidor más bajo para poder quitar suficiente energía al agua. Si se instalara más alta, el agua se volverá a presurizar en exceso después de la válvula. Según la distribución de las fuentes pueden hacer falta varias. En este caso, con una es suficiente.

3. Los diámetros para un caudal de 4 l/s asegurando 10m de presión en toda la línea:

J_{max} = (1892 - 1851 -10)m / 0,6 km = 51,66 m/km (para salvar la llanura)
$J_{max\ total}$ = (1892 - 1822 -10)m / 1,1 km = 54,54 m/km

Un valor de 51,66 m/km o algo menor nos vale para todo el trayecto. Interpolando:

	Punto anterior	**x**	**Punto posterior**
Caudal	3,752	4	4,396
J	45	**50,78**	60

$J_{63,\ 4\ l/s}$ = 50,78 m/km.

P = 1892m – 1822m – 50,78 m/km * 1,1 km = 14,14m

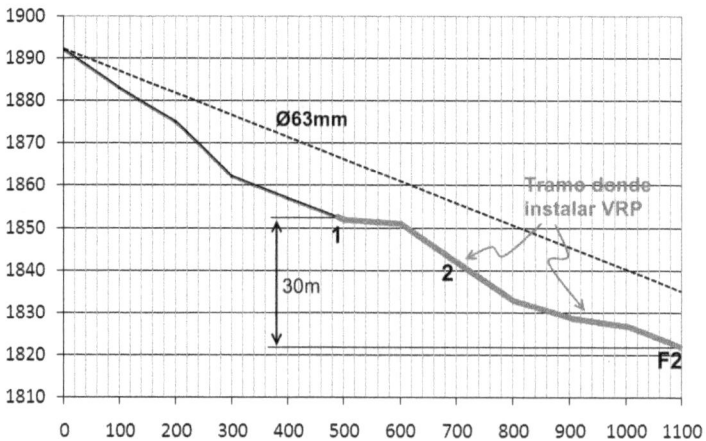

16   Si se usara un TRP, calcula la misma línea en PVC.

1. El primer paso es determinar la posición del TRP. Si la presión máxima es 30m, se colocará 30m por encima de la fuente: 1822m + 30m= 1852m. Esto corresponde a 500m aguas abajo en el perfil topográfico.

Fíjate sin embargo que este no sería buen sitio para colocarlo porque el terreno en los siguientes 100m es muy plano y la tubería recorrería mucha distancia antes de presurizarse con el mínimo de 10m. Mejor sitio es 1851m a 600m.

2. La tubería a la entrada al TRP debe llegar con 10m de presión para evitar el desgaste de la válvula de flotador, luego la pérdida de carga a conseguir es:

    J = (1892m -1851m - 10m) / 0,6 km = 51,7 m/km

3. Para tubería de 63mm y 4 l/s, J_{63} = 45 m/km, un valor suficientemente cercano para evitar montar una mezcla de tuberías.

    P = 1892m – 1851m - 0,6 * 45 m/km = 14m

4. Para la tubería que sale del TRP basta encontrar un diámetro que partiendo de 0 deje la presión entre 10 y 30m.

    J_{max} = (1851m – 1822m -10 m) / (1,1 km – 0,6 km) = 38 m/km

5. En las tablas, J_{90} = 8 m/km.

    P = 1851m – 1822m – 0,5 km * 8 m/km = 25m.

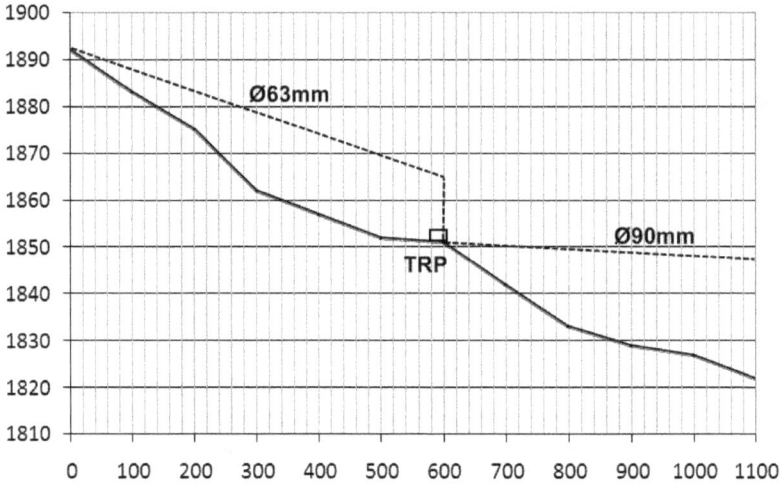

2. 10 ZONAS DE PRESION

A veces no es fácil abastecer toda una zona y que todos sus usuarios estén en la franja correcta de presión. Es un caso frecuente, por ejemplo, en una población en la ladera de un valle. Si los usuarios más altos están a más de 20m por encima de los más bajos, ya es imposible suministrarlos a todos con el rango 10-30m. Si la diferencia es 30m, por ejemplo, cuando los más bajos tienen 30m de presión los más altos tienen presión 0m. Si los más altos tienen presión 10m, los más bajos tienen presión 40m.

Tienes un problema similar a dormir con una manta demasiado corta. ¡O se te enfrían los pies o se te enfría la cabeza!

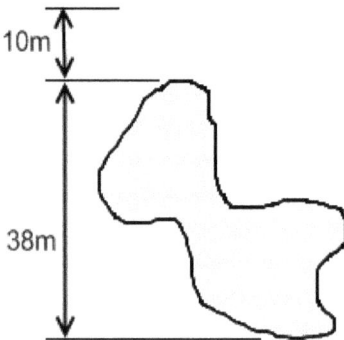

Imagina ahora un sistema donde la fuente esta 10m por encima del consumidor más alto. Entre éste y el más bajo hay 38m. En reposo, el consumidor más bajo tiene 48m de presión, casi dos bares por encima de la máxima. Para resolver el problema, se puede dividir la zona a servir en dos:

La primera (A) cubre los primeros 20m alimentándose directamente de la fuente original. La segunda (B), que cubre los siguientes 18m, pasa primero por un tanque de ruptura de presión situado 10m por encima del consumidor más alto de B. En ambas zonas, la presión mínima sería 10m y la máxima 30 y 28m respectivamente.

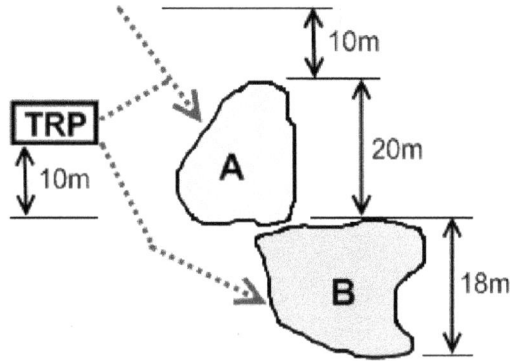

Es relativamente frecuente que la zona a servir tenga una excesiva diferencia de altura entre los puntos más bajos y los más altos. Para evitar hacer demasiadas zonas, una regla útil, es realizar tantas zonas de presión como franjas de 35 metros quepan en el desnivel total a cubrir.

Separar las zonas de presión puede requerir bastantes tuberías adicionales. Es el caso, de dos laderas donde si se rompe la presión luego no se puede remontar aguas arriba en la ladera de enfrente. En esos casos hay que instalar tuberías que pasan por un TRP que les rebaja la presión y una línea de bypass completo que mantenga la presión hasta la próxima zona en alto:

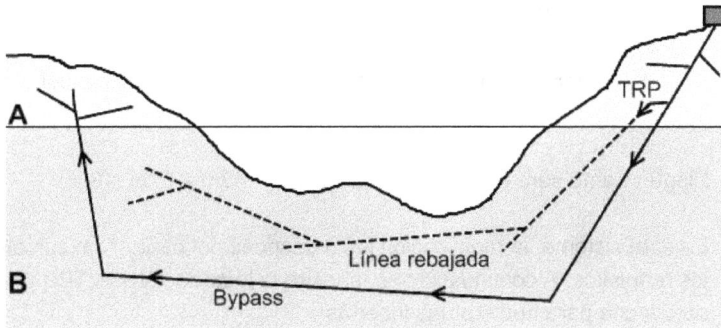

17

Dimensiona las tuberías de este sistema en PEAD

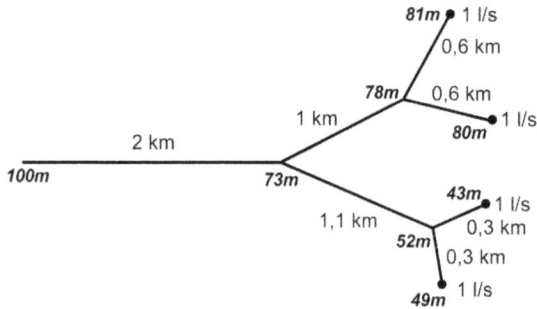

1.   La diferencia entre el consumidor más alto y el más bajo son 81m – 43m = 38m. Habrá que establecer dos zonas de presión, una zona alta y zona baja.

2.   Lo siguiente es localizar un lugar para colocar el TRP que abastecerá la zona baja. Tiene que ser un punto:

   - que permita que el agua llegue con suficiente presión,
   - sin afectar a las tuberías de la zona baja,
   - que no produzca exceso de presión (no más de 30 del consumidor más bajo),
   - que deje margen para la pérdida de presión que va a ocurrir en las tuberías (lo más cercano posible a 30m por encima del consumidor más bajo).

3.   Ningún tramo será de PN16, ya que 100m – 43m = 57m < 80m

   En este sistema, la ramificación justo después del punto 73m cumple todos los requisitos. A continuación se muestra la localización del TRP y se aprovecha para numerar las tuberías:

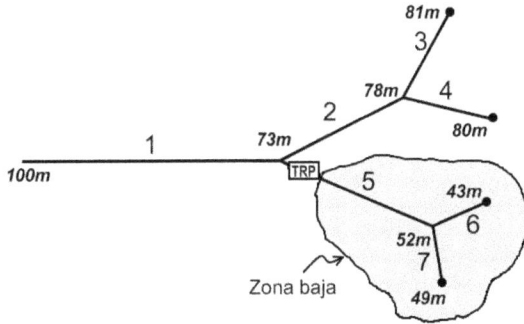

Cálculo de la red baja.

4. **Tubería 5.** Partiendo del TRP con 73m de energía buscamos una tubería que tenga poca fricción:

$$J_{90,\,2\,l/s} = 2,5\ m/km \quad E = 73m - 1,1\ km * 2,5\ m/km = 70,25m$$

$$P = 70,25m - 52m = 18,25m\ Ok. \rightarrow Tubería\ 5\ de\ 90mm$$

La eficiencia de las tuberías se puede evaluar por su pérdida de fricción:
→ Si tienen una pérdida de carga menor a 5 m/km están en un rango eficaz.
→ Con pérdidas menores a 1 m/km son muy eficaces (¡y caras!).
→ Pérdidas mayores a 5 m/km indican una necesidad de disipar energía o un mal dimensionado (estrangulamiento).

En el punto siguiente, se ha buscado directamente una tubería que tenga menos de 5 m/km sin calcular la J_{max} como anteriormente. Esto te va a permitir ahorrar algunos cálculos cuando te hayas familiarizado con las tuberías.

5. **Tubería 6:**

$$J_{63,\,1\,l/s} = 4,25\ m/km \quad E = 70,25m - 0,3\ km * 4,25\ m/km = 69m$$

$$P = 69m - 43m = 26m\ Ok.$$

→ Tubería 6 de 63mm.

6. **Tubería 7:**

$J_{63,\ 1\ l/s}$ = 4,25 m/km   E= 70,25m – 0,3 km * 4,25 m/km = 69m

P = 69m – 49m = 20m Ok.

→ Tubería 7 de 63 mm.

<u>Cálculo de la red alta.</u>

7. Tubería 1. Esta tubería tiene que ser muy eficaz, ya que aunque desemboca en 73m, luego el agua tendrá que volver a subir hasta 81m.

    $J_{110,\ 4\ l/s}$ = 3,5 m/km   (Esta tubería dejaría la presión escasamente por encima de los 10m en el punto 81m). Cualquier conexión ilegal o aumento del caudal puede dejarlo sin servicio. Si es un proyecto muy justo de dinero y no tienes más remedio 110mm sería la opción. Siempre que puedas, evita estas situaciones pasando al siguiente diámetro comercial:

    $J_{160,\ 4\ l/s}$ = 0,6 m/km E= 100m – 2km * 0,6 m/km = 98,8m

    P = 98,8m – 73m = 25,8m

    → Tubería 1 de 160 mm

Recuerda que en tu zona quizás tienen tramos de tubería intermedia que no aparecen en las tablas aquí, por ejemplo, igual tienen tubería de 140mm.

Puedes descargar las tablas completas que no cabían en este libro aquí: www.arnalich.com/dwnl/headloss.zip

8. Tubería 2. Este sigue siendo el camino crítico. Hace falta una tubería eficaz.

    $J_{90,\ 2\ l/s}$ = 2,5 m/km   E = 98,8m – 1 km * 2,5 m/km = 96,3m

    P = 96,3m – 78m = 18,3m Ok.   → Tubería 2 de 90mm.

9. Tubería 3. Nuevamente buscamos una tubería muy eficaz:

$J_{90, 1 l/s}$ = 0,8 m/km   HGL= 96,3m – 1 km * 0,6 m/km = 95,7m

P = 95,7m – 81m = 14,7m Ok.   → Tubería 3 de 90mm.

10. Tubería 4. Por simetría y similitud de cota ya deberías sospechar cual es:

$J_{90, 1 l/s}$ = 0,8 m/km   HGL= 96,3m – 1 km * 0,6 m/km = 95,7m

P = 95,7m – 80m = 15,7m   Ok.   → Tubería 4 de 90mm.

La red queda resuelta así:

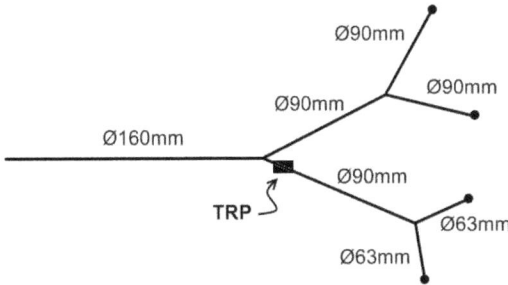

No hay una solución única para una red, como ya habrás imaginado a lo largo de los ejercicios. Son otros criterios los que acaban determinado cuál de las soluciones posibles parece finalmente más adecuada.

2. 11 UNION DE VARIAS FUENTES

En ocasiones se deben utilizar varias fuentes que salvo gran fortuna no están al mismo nivel. En estos casos, **ambas fuentes deben llegar al punto de unión con la misma presión residual**. En los periodos sin consumo, la fuente más elevada puede descargar en la más baja. Para impedirlo, se coloca una válvula de no retorno en la tubería de la fuente más inferior.

18 En una ladera de un valle se ha construido una toma de 4 l/s a 60m de cota (Toma Norte). A 52m en la ladera opuesta se ha construido una segunda toma para un caudal de 2 l/s (Toma Sur). Se quiere unir ambos caudales a 37m de altura con tuberías de PEAD. Con el siguiente estudio topográfico en mano ¿Qué tuberías se han de instalar?

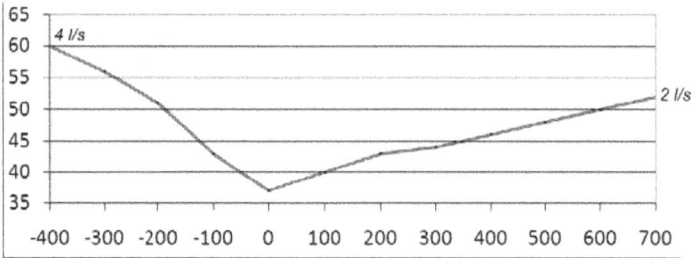

H.	60	56	51	43	37	40	43	44	46	48	50	52
Long	0	100	100	100	100	100	100	100	100	100	100	100
L. Acum.	-400	-300	-200	-100	0	100	200	300	400	500	600	700

T. Norte   Unión   T. Sur

Queremos que la presión en el punto de unión sea superior a 10m aunque la topografía no va a permitir presurizar la red mucho más.

1. La tubería con menos margen de maniobra es la Sur. Empezamos por ella. La pérdida de carga máxima que puede tolerar es:

$$J_{max} = (52m - 10m - 37m) / 0,7km = 7,14 \text{ m/km}$$

Para un caudal de 2 l/s la tubería más cercana en exceso es de 90mm. La presión en el punto de unión es:

$$P = 52m - 37m - (2,5 \text{ m/km} * 0,7km) = 13,25m$$

2. La tubería Norte debe llegar con esos 13,25m al mismo punto. La pérdida de carga a conseguir es:

$$J_{norte-union} = (60m - 13,25m - 37m)/0,4km = 24,37 \text{ m/km}$$

La necesidad de llegar con precisión hace necesaria una mezcla de tuberías de 63mm y de 90mm. Interpolando con la fórmula para 63mm:

$$\frac{J_x - 45}{60 - 45} = \frac{4 - 3,752}{4,396 - 3,752} \rightarrow J_{63} = 50,78 \text{ m/km} \quad y \quad J_{90} = 9 \text{ m/km}.$$

$x * 50,78 \text{ m/km} + ((0,4\text{km} -x) * 9\text{m/km}) = 60\text{m} -37\text{m} - 13,25\text{m}$

$50,78x + 3,6 - 9x = 9,75 \rightarrow 41,78x = 6,15 \rightarrow x = 0,147$ km de 63mm.

$d-x = 0,4$ km $- 0,147$ km $= 0,253$ km de 90mm.

Observa que el orden en el que se ponen las tuberías es muy importante. Si colocas primero la de menor diámetro la línea de gradiente pasa por debajo del suelo:

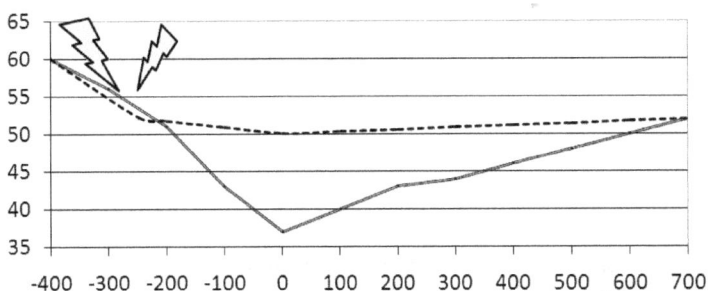

El gráfico de pendiente hidráulica y topografía queda:

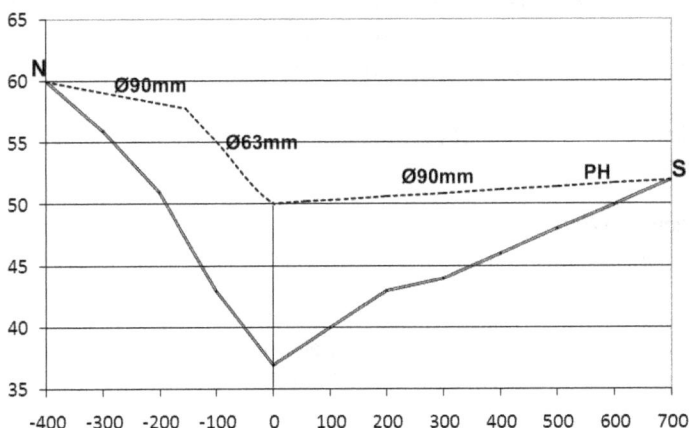

Las pendientes hidráulicas de cada tubería se encuentran en la unión con la misma presión: 13,25m.

2. 13   MALLAS

¡Malas noticias!

Incluso la red más sencilla que tenga un sólo bucle, ya no se puede calcular de la manera que hemos estado viendo, porque en ellas el agua tiene varios caminos para alcanzar un mismo punto.

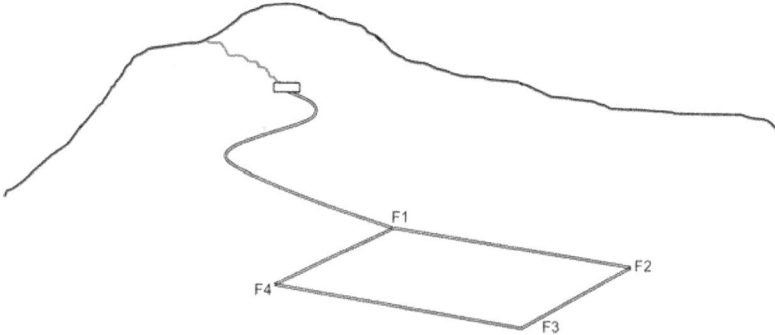

Para calcularlas a mano se utiliza el **método de Hardy-Cross**. Es un método más laborioso que complicado para redes sencillas. Es agotador, como una interminable sesión de fotos del viaje de un cuñado.

Mi recomendación es que en lugar de perder el tiempo aprendiendo este procedimiento, pases directamente a aprender cómo se hace con un ordenador. Estos dos libros te van a mostrar cómo:

- Arnalich, S. (2007). *Epanet y Cooperación. Introducción al diseño de redes por ordenador.* 200 páginas. www.arnalich.com/libros.html

- Arnalich, S. (2007). *Epanet y Cooperación. 44 Ejercicios progresivos comentados paso a paso.* www.arnalich.com/libros.html

Si quieres hacer un tutorial rápido para perderle el miedo y el misterio a calcular con un ordenador, el Capítulo 6 del libro de teoría te lleva de la mano en un ejemplo.

Ahora que estás avisada/o, este es el procedimiento para calcularlas a mano, por si no tuvieras acceso a un ordenador.

METODO DE HARDY CROSS PARA VALIENTES

Se hace por aproximaciones sucesivas hasta que se cumplan dos condiciones:

a. En cada nudo **se conserva la masa**, es decir, el agua que entra es la misma que sale, lo que hace que la suma de todos los caudales en un nudo sea 0.

b. En cada malla **se conserva la energía**, es decir, la suma de todas las pérdidas de carga en una malla es 0.

A diferencia de lo que has visto hasta ahora, este método no te elige la tubería, sólo te dice qué pasa con las que hayas elegido tú previamente, es decir, comprueba. Por eso, además de las iteraciones, se vuelve hercúleo si se quieren elegir óptimamente las tuberías. ¡Cada cambio en una de ellas impone calcular todo otra vez!

19 **Dimensionar las tuberías en PVC de este sistema si todas las tuberías tienen 1 km de longitud, los nodos tienen la misma cota y la presión de entrada es 3 bar.**

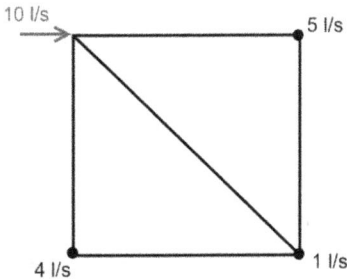

Nota: La diagonal también tiene 1 km. Se ha representado como un cuadrado para facilitar la lectura, pero en realidad tendría forma de rombo.

1. Se numeran los tramos y se les asigna un sentido cualquiera (flechas de giro), que determinará si el caudal entra (+), a favor de la flecha, o sale (-) del nudo. Se numeran también las mallas de manera que cada tubería esté en al menos una y se asigna un sentido de recorrido cualquiera.

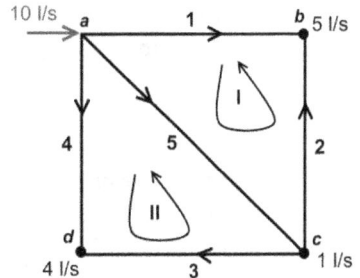

2.   Se asigna un caudal a cada tubería a ojo de manera que cumpla la ley de conservación de masa. Pero intenta afinar como se repartirá el agua, porque te evitará muchos cálculos. Por ejemplo:

> Tubería 1: - 4 l/s
> Tubería 4: - 3 l/s
> Tubería 5: - 3 l/s   .

En el nodo a, entran 10 l/s y salen 4 + 3 + 3. Los que entran son positivos y los que salen negativos. La ecuación de balance queda: 10 l/s - (4+3+3) l/s = 0 Ok.

Tubería 1: 4 l/s   (Ya asignado)
Tubería 2: 1 l/s   En el nodo b, (4 +1) l/s -5 l/s = 0 Ok.

Tubería 2: - 1 l/s   (Ya asignado)
Tubería 5: 3 l/s   (Ya asignado)
Tubería 3: 1 l/s   En el nodo c, 3 l/s - (1+1+1) l/s = 0 Ok.

Tubería 4: 3 l/s   (Ya asignado)
Tubería 3: 1 l/s   En el nodo d, (3+1) l/s - (1+1+1) l/s = 0 Ok.

En esta primera tentativa los caudales son:

Comprueba que la suma en cada nodo es 0, es decir, que se cumple la ley de masas.

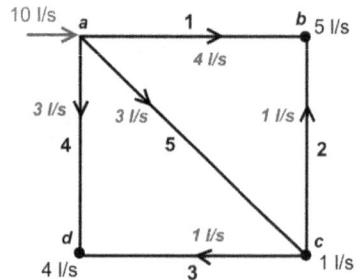

3.   Con estos caudales tentativos, prueba un diámetro que tenga la pérdida de carga suficientemente pequeña como para llegar al nodo en cuestión con una presión aceptable. Por ejemplo, si partimos de 30m hacía una cota 0m y el recorrido más largo en una malla es 2km, podemos establecer una pérdida de carga tentativa de 5 m/km que nos dejaría la presión en 30m – 0m -2 km * 5 m/km = 20m.

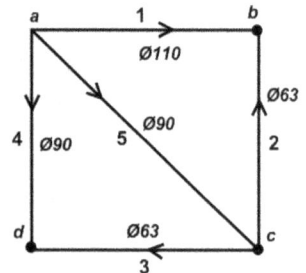

4. Usamos las tablas para buscar tuberías que para los caudales 1, 3 y 4 l/s tengan pérdida de carga alrededor de 5 m/km:

$$J_{63,\ 1\ l/s} = 3{,}75\ m/km$$
$$J_{90,\ 3\ l/s} = 4{,}75\ m/km$$
$$J_{110,\ 4\ l/s} = 2{,}75\ m/km$$

5. Vemos como se comportan las mallas. Para la malla I, empezando en a, sumamos las pérdidas de carga que van en el sentido de la flecha y restamos las que van en contra:

1km * 4,75 m/km + 1km * 3,75 m/km – 1 km * 2,75 m/km = 5,75 m/km

5,75 m/km es algo diferente de 0 como exige la ley de mallas, lo cual indica que los caudales elegidos no son los correctos y habrá que ajustarlos en una segunda ronda.

Para la malla II, empezando en a, sumamos las pérdidas de carga que van en el sentido de la flecha y restamos las que van en contra. Quito las unidades para hacerlo más visual:

1 * 4,75 - 1 * 3,75 + – 1 * 4,75 = -3,75 m/km También distinto de 0.

6. Hay que calcular la variación de los caudales hasta que nos dé un valor suficientemente cercano a 0. Para hallar los nuevos valores de caudales y que la convergencia sea más rápida, los caudales antiguos se modifican en:

$\Delta Q = - \sum h_i / (1{,}852 * \sum | h_i / Q |)$ Donde,

$\sum h_i$, es la suma de la fricción que produce cada tubería de la malla. Es decir, el valor que ya has calculado en el punto 5.

Q = caudal

$(\sum | h_i / Q |$ es la suma de todos los valores h_i/Q tomados como positivos)

Para la primera malla:

$\sum | h_i / Q | = 1* 4{,}75/ 3 + 1* 3{,}75/1 + 1* 2{,}75/4 = 6{,}02$

$\Delta Q_I = - 5{,}75 / (1{,}852 * 6{,}02) = - 0{,}52\ l/s$

Para la segunda:

$$\sum | h_i / Q | = 1 * 4{,}75/3 + 1 * 3{,}75/1 + 1 * 4{,}75/3 = 6{,}92$$

$$\Delta Ql_I = - (- 3{,}75 / (1{,}852 * 6{,}92)) = + 0{,}29 \text{ l/s}$$

Cuando una tubería pertenece a dos mallas se corrigen para las dos, es decir, que para la tubería 5, la corrección sería -0,52 + 0,29 = - 0,23 l/s.

Si la dirección del flujo va en sentido de la flecha se considera el caudal positivo, en caso contrario negativo. La variación ΔQ siempre se suma.

7. Se corrigen los caudales:

Tubería 1: - 4 - 0,52 = - 4,52 l/s
Tubería 2: 1 - 0,52 = 0,48 l/s
Tubería 3: - 1 + 0,29 = - 0,71 l/s
Tubería 4: 3 + 0,29 =   3,29 l/s
Tubería 5: 3 - 0,52 + 0,29 = 2,73 l/s

Esto marca el final de la primera iteración; ahora con estos caudales debes repetir el ciclo que iniciaste en el punto 2.

Aquí permíteme que huya y te dé los valores calculados por un ordenador, por si quieres seguir por tu cuenta el resto de ciclos. No le prestes atención a los signos, el ordenador no ha elegido necesariamente los sentidos igual que tú. Puedes considerar que los valores de caudal son aceptables cuando la variación es menor que el 5%, es decir, $\Delta Q < 0{,}05 * Q$.

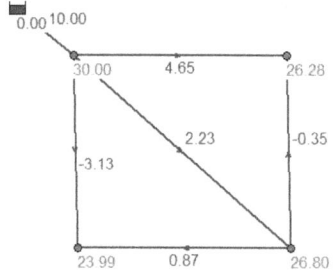

Una vez terminado, para calcular los valores de presión simplemente toma un camino cualquiera hacia el nodo y calcula la pérdida de energía de todo el camino como has hecho en los ejercicios anteriores del libro. Cualquier camino tiene la misma perdida de energía, por eso el sistema está en equilibrio.

Fíjate que las presiones son 23,99m, 26,28m y 26,8m, por lo tanto aceptables. Con todos estos cálculos sólo habrías comprobado que los diámetros iniciales que propusimos te sirven, lo que no quiere decir que sean los óptimos.

2. 12 HOJAS DE CALCULO

Todos los cálculos que hemos hecho en el libro se simplifican si se usa una hoja de cálculo como Excel, que además produce las gráficas. Por ser la más común, se explicará aquí con Excel 2007, pero hay alternativas gratuitas que son muy similares, como OpenOffice Calc:

http://es.openoffice.org/

Si tienes un ordenador accesible, y crees que en un futuro acabarás calculando más redes, igual te convendría aprender un programa de cálculo como Epanet.

Se asume un ligero conocimiento de Excel. Si partes de cero, descarga este pequeño tutorial: www.arnalich.com/dwnl/Exceltut.pdf

Una vez has introducido datos en la hoja de cálculo, puedes crear gráficas similares como ésta, donde aparece la presión, la LGH y la topografía.

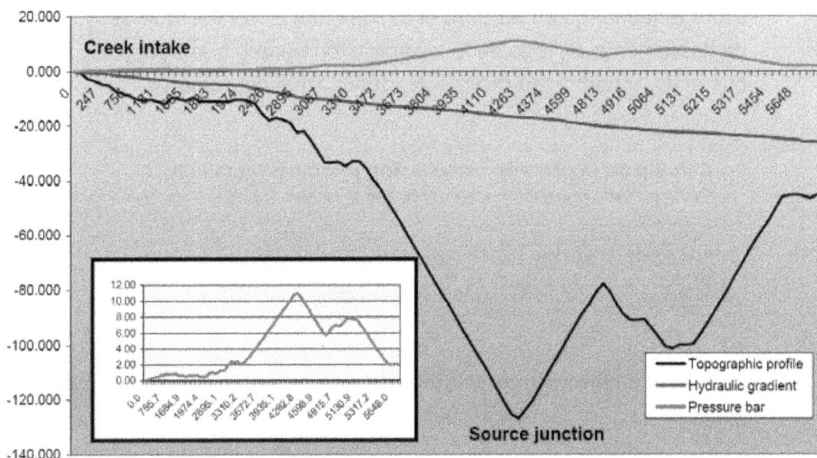

20 **Dimensionar los tramos de tubería de la línea de conducción principal del campo de refugiados de Mtabila II para PEAD y un caudal de 9,8 l/s:**

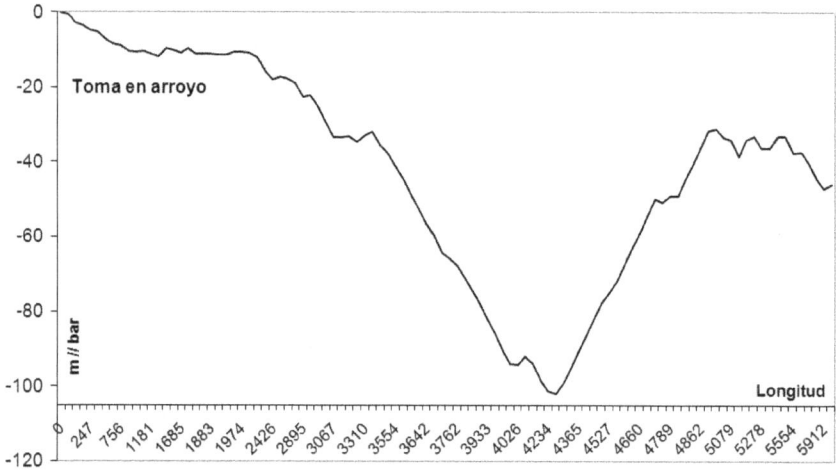

En un primer paso, se prepara la hoja Excel para recibir los datos:

1. Abre Excel o la hoja de cálculo.

2. En la cabecera de la hoja, pon un título con sentido e incluye información sobre la fecha, quien prepara el documento, la versión que es, y probablemente un logo de la organización para la que trabajes. La idea es que el documento sea fácilmente identificable por terceros.

3. Guarda el archivo **con el mismo nombre que el título** que le habías puesto:

Como no vas a dedicarte al proyecto toda tu vida, llegará un momento en que lo tengan que heredar otros. Nada es más desesperante que intentarse abrir paso entre un mar de documentos que se llaman "agua1", "Pedro", "prueba dongwe", etc. En el caso de las versiones, es vital ser ordenado para que alguien no dé por bueno un documento a medio trabajar.

4. En una fila, escribe lo que serán las cabeceras de las columnas:
   - Distancia
   - D. Acumulada (distancia acumulada)
   - Cota
   - Notas (para hacer algún comentario)
   - J (pérdida de carga del tramo)
   - J acumulada

	A	B	C	D	E	F	G
1	Cálculo de la línea de conducción principal Mtabila II						
2	Proyecto: Puesta en marcha de una segunda toma en Dongwe, Mtabila Refugee Camp, Tanzanía.						
3							
4	Fecha	12/03/2009					
5	Responsable	Telesphory					
6	Versión	1.6					
7	Comentarios:	Según estudio topográfico del 06/02/2009. Se ha seleccionado la segunda ruta.					
8							
9							
10							
11	Distancia	D. Acumulada	Cota	Notas	J	J acumulada	Presión
12							
13							
14							

5. Introduce los valores de Distancia y Cota del estudio topográfico. La distancia acumulada no hace falta copiarla porque se puede calcular.

	Distancia	D. Acumulada	Cota	Notas	J	J acumulada	Presión
11	Distancia	D. Acumulada	Cota	Notas	J	J acumulada	Presión
12	0		0	Toma en el arroyo			
13	91,24		-0,596				
14	76,9		-2,607				
15	67,2		-3,478				
16	11,8		-4,672				
17	139,8		-5,109				
18	154,2		-7,222				
19	118,9		-8,241				
20	95,70		-8,911				
21	112,25		10,272				

Para evitar que te hinches a meter valores o averiguarlos de la gráfica, descarga este fichero que los tiene ya introducidos:

www.arnalich.com/dwnl/19topo.xls

Una vez que lo hayas abierto observa la última fila:

110	79,20		-40,200
111	114,22		-44,275
112	0,00		-47,152
113			
114			

La distancia es cero, y la diferencia de altura es   47,152 - 44,275 = 2,877m. Esto corresponde a la entrada al depósito que suele ser desde arriba.

Las cotas son negativas porque se ha tomado arbitrariamente el punto más alto como cota 0m.

6. Calcula la distancia acumulada. Para ello ve a la celda B13 e introduce "=B12+A13". ¡No te olvides el signo "="! Esta fórmula lo que está haciendo es sumarle el nuevo valor de Distancia a la Distancia Acumulada.

POTENCIA			fx	=B12+A13	
	A	B		C	D
9					
10					
11	Distancia	D. Acumulada		Cota	Notas
12	0			0	Toma en el arroyo
13	91,24	=B12+A13		-0,596	
14	76,9			-2,607	
15	67,2			-3,478	

7. Para completar el resto de las celdas, escribe 0 en la B12 (la distancia acumulada en el punto inicial es 0). Luego sitúa el cursor en la esquina inferior derecha y observa cómo cambia de una cruz blanca a una cruz negra. Esto quiere decir que puedes arrastrar el valor de la celda a las demás.

	Distancia	D. Acumulada	Cota
1			
2	0		
3	91,24	91,24	-0,59
4	76,9		-2,60
5	67,2		2,47

8. Pincha en la esquina y sin soltar, arrastra el ratón hasta la última celda. Las celdas se irán rodeando de un recuadro a rayas. Cuando sueltes, se actualizarán con los valores de la formula corrida. El último valor debe ser 5.911,93m. La línea será de casi 6 km.

Si pinchas en la celda B14 verás que la fórmula se ha actualizado aumentando en 1 el número de fila de B12+A13 a B13+A14, y así sucesivamente con todas las celdas inferiores.

	A	B	C	D	
	POTENCIA	fx =B13+A14			
10					
11	Distancia	D. Acumulada	Cota	Notas	J
12	0		0	Toma en el arroyo	
13	91,24	91,24	-0,596		
14	76,9	=B13+A14	-2,607		
15	67,2	235,36	-3,478		
16	11,8	247,11	-4,672		
17	139,8	386,91	-5,109		
18	154,2	541,11	-7,222		
19	118,9	659,97	-8,241		

9. Busca en las tablas las pérdidas de carga de las tuberías para 9,8 l/s para diferentes diámetros. Crea una tabla en Excel:

$$J_{90;\ 9,74\ l/s} = 45\ m/km$$
$$J_{110;\ 9,8\ l/s} = 17{,}26\ m/km \quad \text{(valor interpolado)}$$
$$J_{160;\ 9,71\ l/s} = 2{,}75\ m/km$$
$$J_{200;\ 9,8\ l/s} = 1\ m/km$$

	A	B	C	D	E	F
1	Cálculo de la línea de conducción principal Mtabila II					
2	Proyecto: Puesta en marcha de una segunda toma en Dongwe, Mtabila Refugee Camp, Tanzania.					
3						
4	Fecha	12/03/2009		Tuberia	J	
5	Responsable	Telesphory		PEAD 90	45	
6	Versión	1.6		PEAD 110	17,26	
7	Comentarios:	Según estudio topográfico del 06/02/2009.		PEAD 160	2,75	
8		Se ha seleccionado la segunda ruta.		PEAD 200	1	
9						
10						
11	Distancia	D. Acumulada	Cota	Notas	J	J acumulada	Pre
12	0		0	Toma en el arroyo		
13	91,24	91,24	-0,596			
14	76,9	168,2	-2,607			
15	67,2	235,36	-3,478			

10. La pérdida de carga de cada tramo, J, se obtiene multiplicando la Distancia por la pérdida de carga de la tubería que selecciones de la tabla que acabas de hacer. Para ello, introduce en la celda E12 la fórmula "=A12*$F$5/1000".

Tubería	J
PEAD 90	45
PEAD 110	17,26
PEAD 160	2,75
PEAD 200	1

2/2009.
a.

as	J	J acumulada	Presión
ia en el arroyo	=A12*$F$5/1000		
	4105,8		

Con los símbolos de $ se consigue que la referencia siempre apunte a la celda F5 aunque se corra. Se divide entre 1000 porque las distancias están en metros pero la pérdida de carga es para kilómetros.

11. Corre la fórmula hasta obtener los valores de cada tramo. Como probablemente te va a molestar que tengan más de dos decimales, pincha el ratón en cualquier punto de la pantalla con el botón derecho y elige formato de celdas. Una vez allí, escoge la pestaña Número, la categoría Número y escribe dos decimales:

Tubería	J
PEAD 90	45
PEAD 110	17,
PEAD 160	2,
PEAD 200	

Formato de celdas

| Número | Alineación | Fuente | Bordes | Relleno | Proteger |

Categoría: **1**

J	J acumulada
yo	0,00
	4,11
	3,46
	3,02
	0,53
	6,29
	6,94

General
Número **2**
Moneda
Contabilidad
Fecha
Hora
Porcentaje
Fracción
Científica
Texto
Especial
Personalizada

Muestra **3**

Posiciones decimales: 2

Usar separador de miles (.)

Números negativos:
-1234,10
1234,10
-1234,10
-1234,10

12. Para hallar la J acumulada, haz lo mismo que en el punto 6 y arrastra:

PEAD 100		2,73	
PEAD 200		1	

	J	J acumulada	Presión
/o	0,00	0,00	
	4,11	=F12+E13	
	3,46		

13. Queda la columna de la presión. La presión es la cota inicial, menos la cota del punto en concreto y la pérdida de carga, introduce esto en la fórmula:

	B	C	D	E	F	G	I
10							
11	D. Acumulada	Cota	Notas	J	J acumulada	Presión	
12		0	Toma en el arroyo	0,00	0,00	0	
13	91,24	-0,596		4,11	4,11	=$C$12-C13-F13	
14	168,2	-2,607		3,46	7,57		
15	235,36	-3,478		3,02	10,59		

La presión inicial es 0. $C$12 es la cota inicial y lleva el símbolo $ para que no cambie al correrla, C13 es la cota del punto y F13 la J acumulada.

14. Corre la formula hacia abajo y lee los valores de presión. Observarás que son todo valores negativos. La tubería de 90 que has elegido es demasiado pequeña:

J	J acumulada	Presión
0,00	0,00	0
4,11	4,11	-3,51
3,46	7,57	-4,96
3,02	10,59	-7,11
0,53	11,12	-6,45
6,29	17,41	-12,30
6,94	24,35	-17,13

Para visualizar cómodamente los resultados, lo mejor es crear una gráfica.

15. La línea que observarás en la gráfica es sobre todo la de gradiente hidráulico (LGH). Como no existe todavía, crea una columna LGH al lado de la presión. Su valor es la cota inicial menos el valor de pérdida de carga acumulada.

J acumulada	Presión	LGH
0,00	0,00	0 =$A$12-F12
4,11	4,11	-3,51
3,46	7,57	-4,96

Corre después la fórmula para tener todos los valores. Como la cota inicial es cero, los valores son los mismos que de J acumulada pero cambiados de signo.

16. Selecciona los datos de las columnas Cota y Distancia acumulada. Para ello picha en el centro de la celda con el titulo Cota y sin soltar arrastra hacia abajo. Verás que se van seleccionando. Tus celdas deben estarán sombreadas:

Distancia	D. Acumulada	Cota	Notas	J	J acumula
0	0	0	Toma en el arroyo	0,00	(
91,24	91	-0,596		4,11	4
76,9	168	-2,607		3,46	7
67,2	235	-3,478		3,02	1(
11,8	247	-4,672		0,53	11
139,8	387	-5,109		6,29	17
154,2	541	-7,222		6,94	24
118,9	660	-8,241		5,35	29
95,70	756	-8,911		4,31	34

17. En la cinta superior de Excel, ve a Insertar, luego selecciona Dispersión y después el tipo de gráfico que marca la flecha 3:

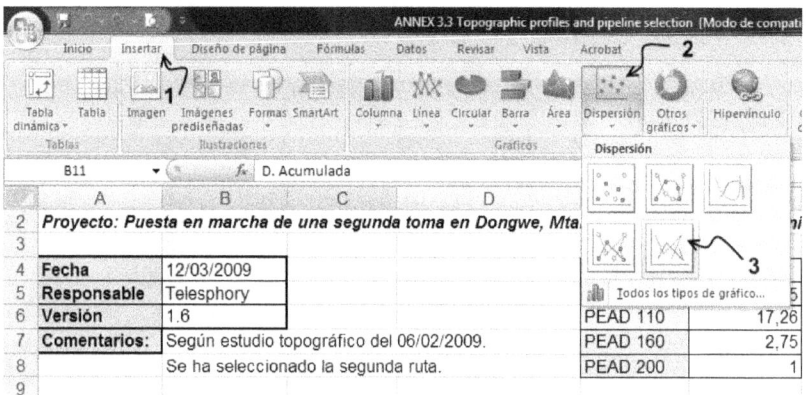

18. Se creará una gráfica similar a esta:

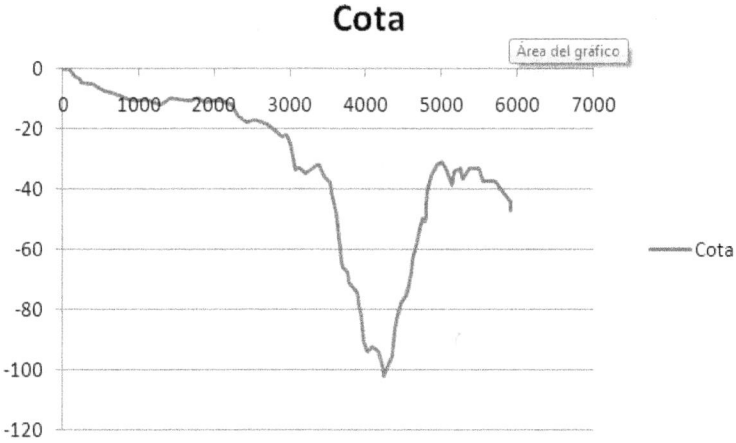

19. Falta representar LGH. Pincha con el botón derecho sobre cualquier área del gráfico que este en blanco y elige Seleccionar datos. Te saldrá un cuadro como éste donde tienes que elegir Agregar:

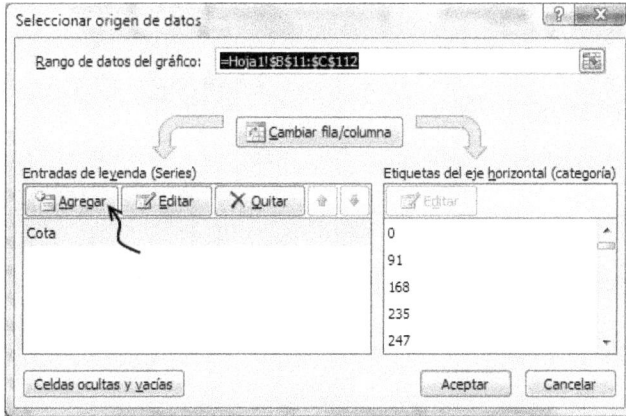

20. Escribe en el primer recuadro LGH, y pincha el símbolo de la tabla en el segundo:

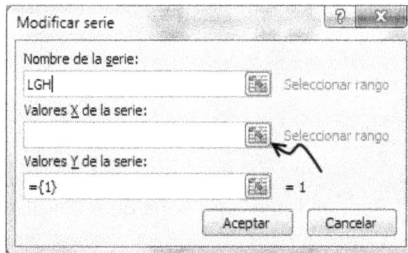

21. Selecciona las celdas que tienen los valores de distancia acumulada y dale al símbolo para aceptar:

71,90	2313	-15,58
113,25	2426	-17,882
95,35	2522	-17,086

Modificar serie

=Hoja1!$B$12:$B$111

60,00	2955	-21,95
57,35	3012	-25,271
33,73	3046	-29,229

22. Repite para las Y con los valores de LGH de manera que el cuadro queda relleno así:

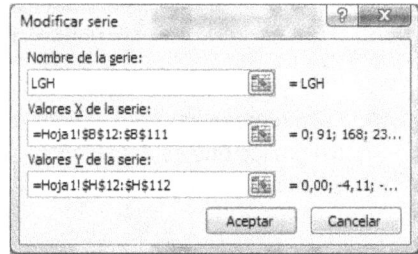

Modificar serie

Nombre de la serie:
LGH   = LGH

Valores X de la serie:
=Hoja1!$B$12:$B$111   = 0; 91; 168; 23…

Valores Y de la serie:
=Hoja1!$H$12:$H$112   = 0,00; -4,11; -…

Aceptar   Cancelar

La gráfica debe ser similar a ésta, que ya reconocerás de los ejercicios anteriores:

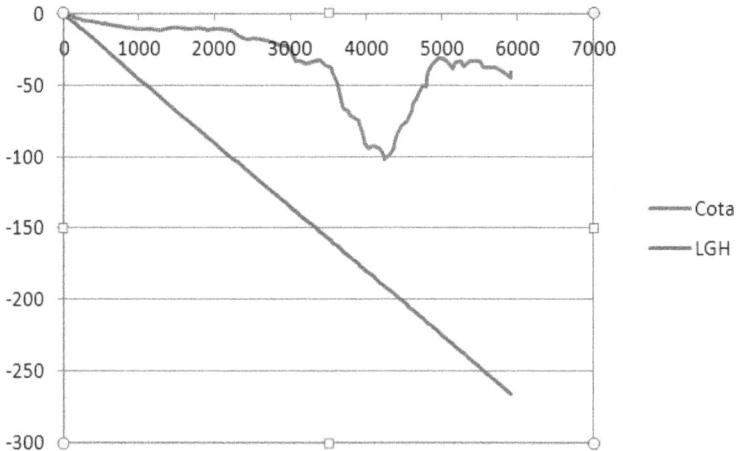

Puedes hacer una serie de mejoras hasta que llegues a la imagen que vamos a usar en este libro, pero como ésto no es un manual de Excel, te dejo a ti el averiguar cómo se hace:

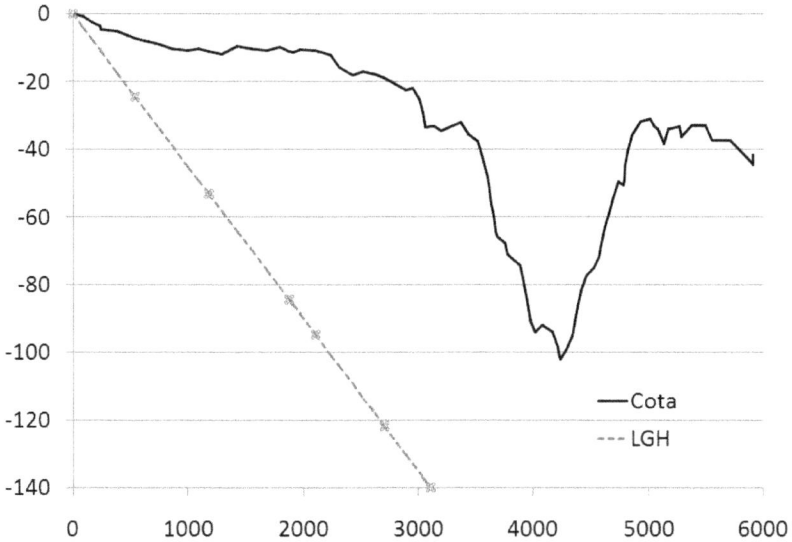

Si te perdiste en algún punto, puedes descargar el fichero Excel con los pasos hasta aquí, que además te puede servir de plantilla:

www.arnalich.com/dwnl/plantillagravedad.xls

Ahora se trata de ir eligiendo tuberías hasta colocar la LGH 10m por encima de cualquier punto y llegando al destino con una presión entre 10 y 30m.

23. Fíjate que hay un punto crítico a 2.241m del origen. Hasta ahí queremos la LGH lo más plana posible para poder salvarlo con 10m y que además se presurice rápido la tubería. Modifica las fórmulas desde la distancia 0 a la 2.241m para que apunten a la tubería de 200mm. Es decir, cambia $F$6 por $F$8 en la fórmula y córrelas hasta la distancia 2.241m (fila 38).

Tubería	J
PEAD 90	45
PEAD 110	17,26
PEAD 160	2,75
PEAD 200	1

	J	J acumulada	Presión	LGH
arroyo	=A12*$F$8/1000		0	
	4,11	4,11	-3,51	
	3,46	7,57	-4,06	

24. Para comprobar la presión en el punto 2.241, lee en la tabla el valor de Presión, 9,70m. No son diez metros pero es suficientemente cercano. El problema viene de la topografía, que no permite valores mayores. Aquí aumentar de tubería es aumentar el gasto sin apenas resultado. Observa que el gráfico se ha actualizado:

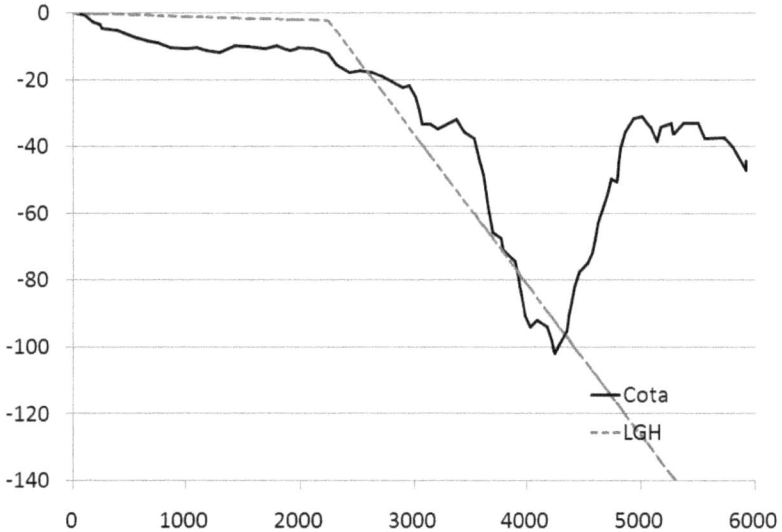

25. Para el siguiente tramo, observa que la diferencia de desnivel es muy grande y va a requerir PN16 en el fondo del valle. Por tanto, el próximo tramo de tubería va desde el punto 2.241, hasta aquel donde la presión con el sistema en reposo pase de 80m. Si se parte de cero, el punto con una cota de -80m es la distancia 3.912m (-78,011).

26. Elige una tubería para el tramo 2.241m hasta 3.912m. Para ello multiplica la primera celda después de 2.241m por la pérdida de carga de la tubería que quieras probar. En este caso, probamos 160mm (celda $F$7):

,44	2104	-10,738		0,13
',50	2241	-11,939		0,14
,90	2313	-15,58		=A39*$F$7/1000
25	2426	-17 882		5 10

27. Corre las celdas hasta 3.912m y mira el resultado:

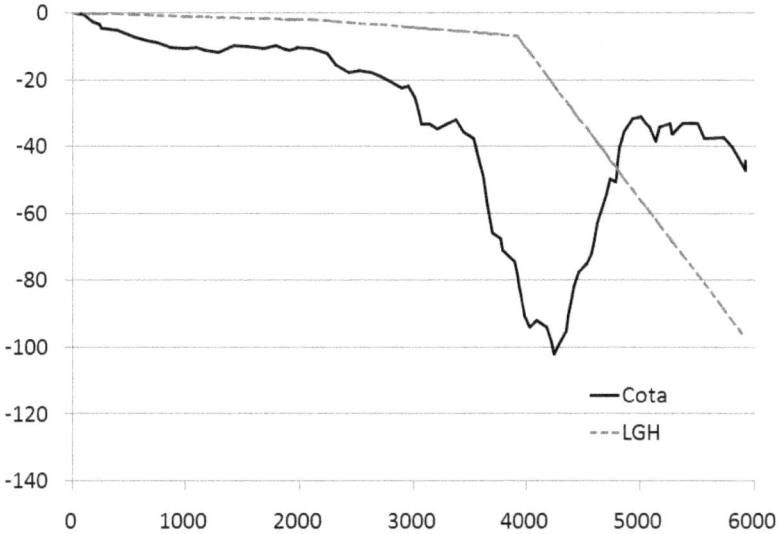

¡Tiene buena pinta! Si prolongaras el tramo que acabas de hacer, llegarías bien de presión al destino.

28. Desde 3.912m hasta 4.459m que la presión en reposo vuelve a estar por debajo de 80m (cota -77,54m), tienes que instalar tubería de PN16. Como la tubería del tramo anterior tiene buena pinta, prueba a ver qué pasa con ese mismo diámetro pero en PN16. Para ello tienes que volver a las tablas, buscar el valor de 160mm PN16 e incorporarlo a tu tabla en Excel:

$$J_{160mm,\ PN16,\ y\ 9,782\ l/s} = 4\ m/km$$

Tubería	J		
PEAD 90	45		
PEAD 110	17,26		
PEAD 160	2,75	160 PN16	4
PEAD 200	1		

29. Multiplica la primera celda después de 3.912m por la pérdida de carga de la tubería que acabas de introducir (celda $H$7). Corre las celdas hasta 4.459m y observa el resultado:

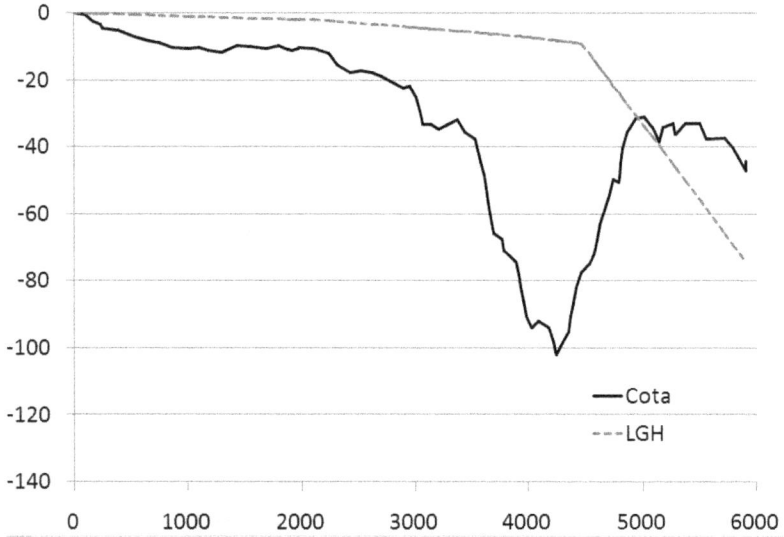

30. Termina el tramo que falta con tubería de 160mm PN10 y lee la presión en la entrada del depósito: 31,28m.

31. Esta presión es excesiva. Además, se puede ahorrar con la instalación de tubería más pequeña. Para disminuir la presión, ve esta vez a la última celda, la de llegada del depósito y hazla que apunte a la tubería de 110mm ($F$6). Después corre hacia arriba a ojo y observa que pasa con la presión en el punto final y en puntos intermedios.

32. Puedes ir hasta aproximadamente 4.800m. El gráfico queda:

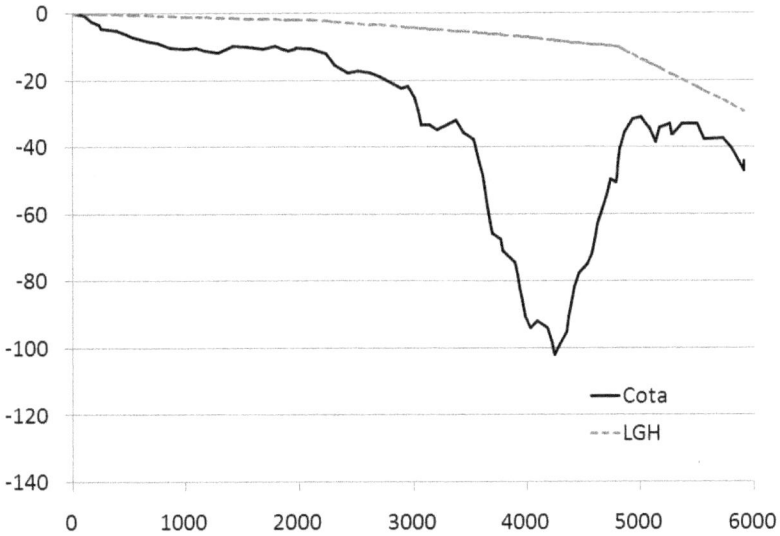

33. ¡Enhorabuena, ya tienes el cálculo hecho! Ahora usa la columna de notas para escribir indicaciones tipo "Inicio tubería 160mm" "Fin tubería 160mm PN16" y así. Observa que he puesto una escala de colores en la tabla de las pérdidas de cada tubería. Puedes indicar qué tramos llevan que tubería colocando el fondo de la tabla según esos colores.

Los tramos quedan:

0- 2.241 m	PEAD 200mm PN10
2.241 – 3.912m	PEAD 160mm PN 10
3.912 – 4.459m	PEAD 160mm PN16
4.459 – 4.789m	PEAD 160mm PN10
4.789 – 5.912m	PEAD 110 mm PN10

Puedes ver el resultado siguiendo este enlace (pincha sobre la imagen para aumentarla): www.arnalich.com/dwnl/19zh.png

También puedes descargar la hoja resuelta aquí:

www.arnalich.com/dwnl/19.xls

Igual te ha parecido muy laborioso hacerlo con una hoja de cálculo si no la habías usado antes. Pero piensa en algunas ventajas:

1. Tienes un informe claro ya hecho con todos los datos.
2. Tienes un grafico fácil de interpretar.
3. Puedes compartir fácilmente la información porque ya es digital.
4. Los errores son más fáciles de detectar y se corrigen muy rápidamente.

Presta mucha atención al usar hojas de cálculo porque a veces son traicioneras. Si seleccionas cosas que no son o te equivocas con las celdas los resultados serán erróneos. La buena noticia ya la sabes, son fáciles de detectar y corregir.

2. 14 LA PRESION COMO CRITERIO DE DISEÑO

Ahora que ya estarás más cómodo, es momento de hacer algunos comentarios que antes quizás te hubieran estorbado:

*   **Altura de los edificios.** La presión debe estar entre 10 y 30 metros en el grifo, ojo que no es a nivel de la calle. Eso quiere decir que si tienes un edificio de 3 plantas, debes tener en cuenta su altura y proveer el agua a 10m de presión en la última a 10m + 3* 2,5m = 17,5m sobre el nivel de la calle. Sigue este razonamiento hasta 5 plantas, a partir de ahí, que sean los edificios los que tengan un grupo de presión para los usuarios en las plantas más altas.

*   **Presión para imprevistos.** Los sistemas ramificados son muy sensibles a errores en la estimación de los caudales. Para construir sistemas más robustos y algo ampliables intenta apuntar a estar en la franja alta del margen de diseño (20-30m). El problema es que esto no es posible en muchos casos sin grandes inversiones de dinero, por eso la franja de 10-20m es aceptable aunque no deseable.

*   **Fugas y mantenimiento.** El caudal de una fuga aumenta exponencialmente con la presión. Las posibilidades de que una tubería se rompa, también. Por eso, es buena idea que mantengas la presión en los sistemas lo más baja posible compatible con el funcionamiento.

- **Pérdida de presión en accesorios.** No sólo hay fricción en las tuberías, los codos, tes, válvulas y demás accesorios también obstaculizan el flujo causando una pérdida de presión, las pérdidas menores. Sólo son importantes para velocidades altas y no suelen tener impacto en los sistemas de agua por gravedad tradicionales.

  Puedes leer más sobre ellas en el apartado 5.5 del libro de teoría.

- **Golpe de ariete.** La presión en una tubería aumenta si se cierra bruscamente una válvula. Las tuberías pueden llegar a reventar o aplastarse debido a las ondas de choque. Donde se coloquen válvulas que corten el caudal, hay que calcular el golpe de ariete para comprobar que no se excede la presión máxima de las tuberías.

  Puedes leer más sobre ellas en el apartado 7.4 del libro de teoría.

3. Demanda y caudal

Hasta ahora en todos los ejercicios había un dato de caudal. En este capítulo verás cómo se determina el caudal para el cual diseñar.

3. 1 DEMANDA BASE

Es la cantidad de agua que consumirá la población e incluye todos los usos: cocina, lavado, bebida, actividad laboral... No hay una receta rápida para determinar la demanda de cualquier población. A modo de orientación, estas son unas **cifras mínimas** con las que trabajar:

Consumos diarios mínimos (l/un.)	
Habitante Urbano	50
Habitante Rural	30
Escolar	5
Paciente Ambulatorio	5
Paciente Hospitalizado	60
Ablución	2
Camello (una vez por semana)	250
Cabra y oveja	5
Vaca	20
Caballos, mulas y burros	20

En la práctica, se tenderá a proporcionar la mayor cantidad de agua que:

- no produzca problemas ambientales (encharcamiento, sobreexplotación…),
- las personas estén dispuestas a pagar,
- tenga un coste adaptado a la economía local.

21 **Determina la demanda base <u>mínima</u> para un pueblo de 1.300 personas, donde la familia media tiene 5 miembros, 2 cabras y 1 vaca.**

1. Para calcular el número de animales, hace falta saber cuántas familias hay aproximadamente en el pueblo:

   1.300 personas / 5 personas/familia = 260 familias.

2. El número de animales es:

   260 familas * 2 cabras/familia = 520 cabras
   260 familas * 1 vaca/familia = 260 vacas

3. La demanda base mínima es :

   1.300 personas * 30 l/persona = 39.000 litros
      560 cabras * 5 l/cabra =   2.800 litros
      260 vacas * 20 l/vaca =   5.200 litros

                          47.000 litros diarios.

22 **¿Cúal es el caudal que debe transportar la tubería que alimenta el depósito de un centro hospitalario donde hay 35 camas y se atienden 410 personas todos los días? ¿Y si además hubiera una maternidad con 8 partos diarios?**

1. La demanda base mínima sería :

     35 camas * 60 l/paciente hospitalizado = 2.100 litros
   410 atenciones * 5 l/paciente ambulatorio =   2.050 litros
   ----
                          4.150 litros diarios.

2. El caudal sería 4.150 litros en 24 horas. Haciendo un cambio de unidades a litros por segundo:

$$4.150 \text{ l/día} * (1 \text{ día } /24h) * (1h /3600s) = 0,048 \text{ l/s}$$

3. Siempre es buena idea confirmar las ideas sobre consumos. En el caso de un parto, no sabemos cuánta agua se consume. El médico del lugar nos dará una idea: 50 litros/parto.

Contrasta siempre que las cifras que te proporcionan son correctas. Mientras que un médico en Mauritania dice que se usan 5 litros, esa cantidad es incompatible con una buena higiene en el parto. No da para limpiar a la madre, limpiar el material, limpiar el bebé y limpiar la sala.

3. 2 PROYECCIONES AL FUTURO

Las poblaciones van creciendo. Si se diseña sin tener en cuenta ese crecimiento, las redes se quedan pequeñas con el tiempo. Ampliar una red es mucho más caro que construirla con más capacidad desde un principio. Generalmente se trabaja con 30 años, pero esto puede cambiar según las circumstancias.

Para intentar averiguar cuál puede ser la proyección en un futuro, hay dos métodos bastante prácticos:

Proyección geométrica

Se parte normalmente de datos de un censo y de una tasa de crecimiento. La población esperada en el futuro es:

$$P_f = P_o \left(1 + \frac{i}{100} \right)^t$$

P_f , población futura
P_o , población actual
i , tasa de crecimiento en %
t , tiempo en años

Después, sólo tienes que trabajar con la población del futuro en lugar de la actual para tener en cuenta su crecimiento.

Saturación

Imagina una playa temprano por la mañana. Poco a poco se se va llenando de gente hasta que llega un momento en que las personas nuevas que llegan prefieren hacer otra cosa y algunas de las que estaban se marchan porque la masificación les incomoda. Así se establece un equilibro en torno a una densidad tope, por ejemplo, 1 persona por metro cuadrado. Si la playa tiene 1000 metros cuadrados, en el futuro cuando se llene, tendrá 1000 personas.

Este enfoque es muy útil en algunos casos, como en poblaciones urbanas con asentamientos muy rápidos e impredecibles.

23 **¿Cuál será la demanda base mínima 30 años después si la población del ejercicio 21 crece al 2% anual?**

1. La población 30 años después es:

$$P_f = P_o \left(1 + \frac{i}{100} \right)^t \qquad P_f = 1.300 \left(1 + \frac{2}{100} \right)^{30}$$

P_{30} = 2.355 personas

2. Asumiendo que el tamaño de la familia media no cambia:
      2.355 personas / 5 personas/familia = 471 familias.

3. Asumiendo que el número de animales no cambia:
    471 familas * 2 cabras/familia = 942 cabras
    471 familas * 1 vaca/familia = 471 vacas

4. Asumiendo que la demanda personal no cambia:

    2.355 personas * 30 l/persona = 70.650 litros
       942 cabras * 5 l/cabra =   4.710 litros
       471 vacas * 20 l/vaca = 9.420 litros

                              84.780 litros diarios.

Fíjate que hay muchos *asumiendos*. La proyección al futuro no es un ejercicio preciso, es sólo una predicción aproximada, y las predicciones a veces...

> ➤ *"El mercado para las máquinas fotocopiadoras es como mucho 5.000 a nivel mundial"*

(IBM a los futuros fundadores de Xerox, 1969)

24 Si en el censo de 1995 una población tenía 10.000 habitantes y en el censo del 2005, 12.000 habitantes, ¿para qué población se diseñaría si se quiere cubrir las necesidades del año 2040?

1. Calculamos la tasa de crecimiento i:

$$i = (P_{2005} - P_{1995}) / (P_{1995} * t) = 100 * (12.000 - 10.000) / (10.000 * 10) = 2\%$$

2. Aplicamos la formula partiendo desde 2005:

$$P_f = P_o \left(1 + \frac{i}{100} \right)^t \quad P_f = 12.000 \left(1 + \frac{2}{100} \right)^{35}$$

P_{2040} = 23.999 personas.

25 Una zona de 1,3 km^2 de superficie de una ciudad se está poblando rápidamente con migración del campo. Antes de que empeoren las condiciones se quieren dar los servicios básicos. En otras zonas de la misma ciudad que se han colonizado anteriormente con migración rural, cada familia ocupa aproximadamente 260 m^2 y está compuesta por 7 personas. ¿Cuál es la población a servir?

1. La densidad tope es:

7 personas / 260 m^2 * 1.000.000 m^2 / 1 km^2 = 26.923 personas / km^2

2. La población será: 1,3 km^2 * 26.923 personas / km^2 = 35.000 personas

3. 3 CAUDAL MAXIMO DE DISEÑO

Muy brevemente, hay 3 formas de determinar el caudal de diseño según la situación:

1. Todos los grifos abiertos. Se asigna un grifo a un número determinado de personas y se trata de suministrar el caudal a todos los grifos necesarios simultaneamente. Este es el enfoque en emergencias, campos de refugiados, y otras situaciones. Por ejemplo, un grifo de 0,2 l/s cada 250 personas.

2. Variaciones temporales. Más determinante incluso que cuánta agua se consume, es cuándo se consume. Las personas consumen más agua a ciertas horas del día, algunos días de la semana más que otros y en algunos meses del año también. Para tenerlo en cuenta, se multiplica el caudal medio por un multiplicador que lo aumenta. La idea es diseñar para el caudal más desfavorable: "la hora del día que más se consume, del dia de la semana que más se consume, del mes que más se consume". Este es el camino normal en poblaciones que no son pequeñas. Para un proyecto de agua por gravedad calculado a mano, multiplica el consumo medio por un número entre 3,5 y 4,5 (3,5 si el consumo es más regular, la estación cálida es menos marcada, etc).

Aquí es buena idea que leas el apartado 2.5 del libro de teoría para comprender mejor la naturaleza de esas variaciones.

3. Simultaneidad. Usa este enfoque para redes y las partes de las redes que tienen menos de unas 250 conexiones. Sin embargo, en las redes grandes es buena práctica definir un diámetro mínimo para las tuberías (generalmente 75 mm o 100mm). Este diámetro ya es suficientemente grande para no tener en cuenta la simultaneidad, porque es capaz de alimentar más de 250 conexiones. Se define un diámetro mínimo para facilitar ampliaciones, evitar atascos y dar cierta protección contra incendios.

Evita instalar tuberías demasiado pequeñas, especialmente cuando el trayecto es largo. Instalar una tubería de 40mm sobre 2 km de distancia por ejemplo, es una muy mala idea. Se acabará atascando y luego es muy dificil averiguar dónde. Además, las tuberías de entre 12 y 63 mm son muy intolerantes con pequeñas variaciones en la demanda. ¡Mucho ojo con ahorrar dinero aquí! A la población pronto le va a salir muy caro.

Para determinar el caudal de diseño por simultaneidad, usa esta gráfica para determinar por qué número multiplicar el caudal medio (Arizmendi 1991):

Multiplicador

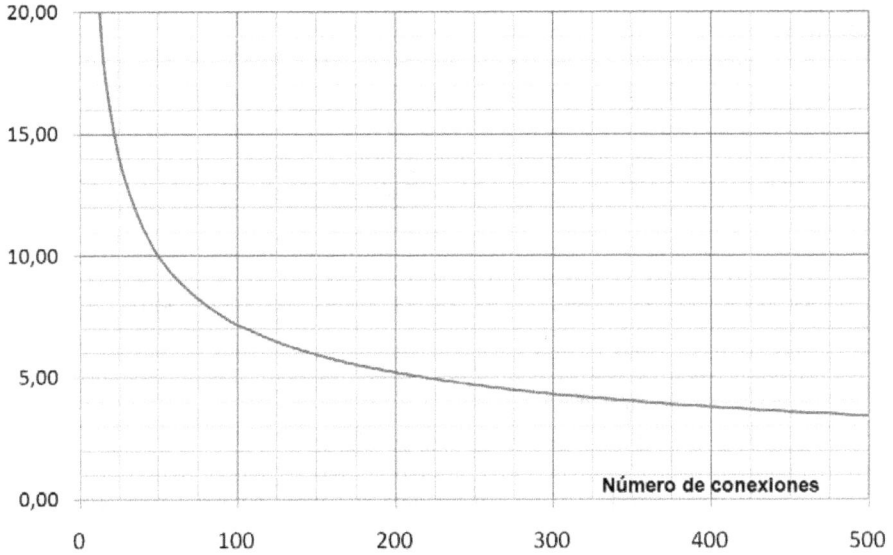

Elegir el método para obtener los caudales corregidos, en la mayoría de ocasiones, se reduce a 3 preguntas como te muestra este diagrama de flujo:

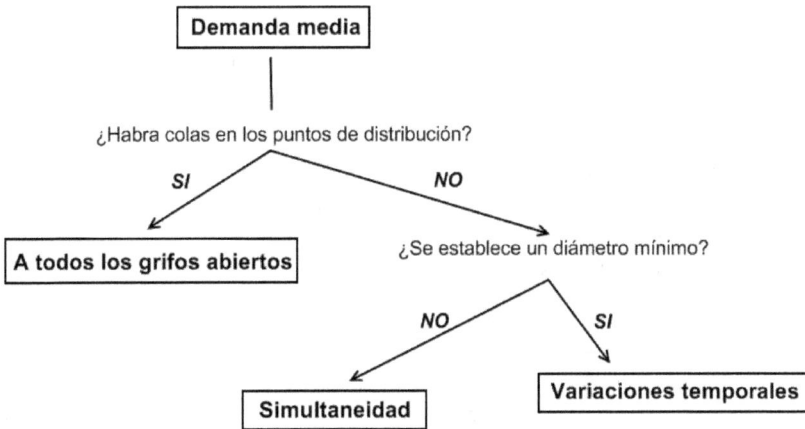

26 En una zona plana se planea un campo de desplazados para 5.000 personas tras un terremoto. Para ello, se utilizará un terreno agrícola de 1,4 km x 3,5 km con un sistema de irrigación existente que alimenta el punto central 0 con una presión de 3 bar sin limitaciones de caudal. Calcula la red necesaria.

1. Es un sistema de emergencia. Los estándares mínimos los podemos tomar del capítulo 2 del Proyecto Esfera:

www.sphereproject.org/index.php?lang=spanishf

Como la cantidad de agua no es una limitación, sólo nos afectan 3 estándares:

✓ La máxima distancia entre cualquier hogar y el lugar más cercano de suministro de agua no excede los 500 metros.

✓ No se tarda más de tres minutos en llenar un recipiente de 20 litros

✓ Máximo 250 personas por cada grifo.

A efectos prácticos:

2. El primer estándar nos determina que las fuentes deben estar a 700 metros entre sí como máximo[2] si la disposición es regular. Una manera de cumplirlo sería esta:

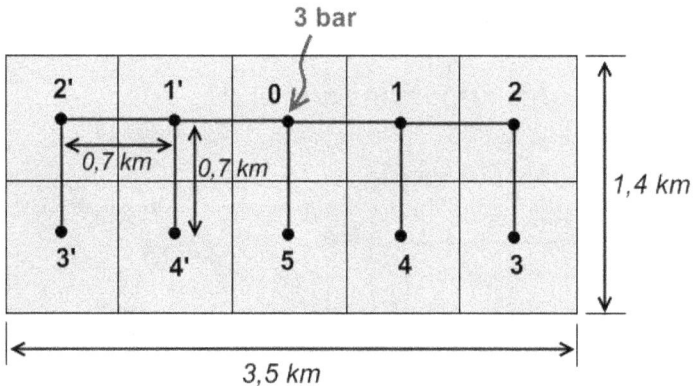

_____

[2] En una disposición regular lo más sencillo es tomar los cuadrados inscritos dentro de círculos de 500 m de radio. Aplicando el teorema de Pitágoras sale que el lado es $2r/\sqrt{2}=707,1$m. No te preocupes si el razonamiento se te escapa de momento, que no es imprescindible para el libro.

3. El segundo determina un caudal <u>mínimo</u> de:

    Q=(20 litros / 3 min) * (1 min / 60s) = 0,11 l/s.

    Este caudal es muy pequeño, 0,2 l/s es más apropiado.

4. Para cumplir el tercer criterio, hay que ver cuántas personas entran en el área de distribución de cada fuente publica:

    5.000 personas / 10 zonas = 500 personas/zona.

    Si hace falta un grifo por cada 250, cómo <u>mínimo</u> hacen falta dos; para ir con margen se pueden poner 3. Por tanto, el caudal de cada fuente es 3 * 0,2 l/s = 0,6 l/s.

5. Para calcular el caudal de diseño se tiene en cuenta el contexto. Al ser un campo de desplazados:

    • Se intuye que la duración es muy corta → No se hacen proyecciones al futuro.
    • En los grifos se esperan colas, por lo que se usaran todos simultáneamente → Se calcula a todos los grifos abiertos

    Ya estás preparado para hacer el cálculo. Observa que el sistema es simétrico, por lo que sólo hace falta calcular las tuberías que van a los nodos 1, 2, 3, 4, y 5. Las tuberías que van a 1', 2', 3' y 4' serán iguales de las de 1, 2, 3 y 4.

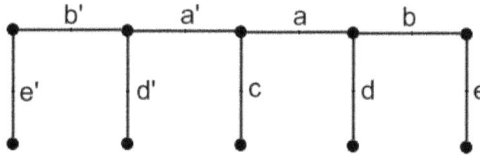

6. Determina los caudales que transporta cada tubería, si las fuentes tienen un consumo de 0,6 l/s. Recuerda que el nodo 0 no influye en el cálculo porque se parte que la tubería que lo alimenta no tiene limitaciones de caudal:

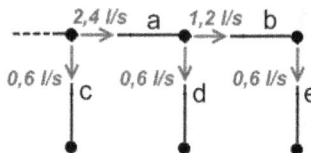

7. El sistema es plano y parte de 3 bares. El camino más largo, que va de 0 a 3 tiene 3 * 0,7 km = 2,1 km. Apuntando a que se llegue con 15m de presión, la pérdida de carga es:

$$J = 15m / 2,1 \text{ km} = 7,14 \text{ m}$$

El material a usar es PEAD. Por la rapidez de montaje (viene en rollos), por la solidez y porque el PVC se estropea si está expuesto al sol (en una emergencia es mejor no esperar a enterrar tuberías).

Las tuberías que están en las cercanías de esta pérdida de carga para los caudales de 2,4 l/s, 1,2 l/s y 0,6 l/s son:

PEAD 90 mm, $J_{2,4 \text{ l/s}}$ = 3,5 m/km → Tuberías a y a'.
PEAD 63 mm, $J_{1,2 \text{ l/s}}$ = 6 m/km → Tuberías b y b'.
PEAD 40 mm, $J_{0,6 \text{ l/s}}$ = 15 m/km.

Esta tubería sería aceptable, pero como en una emergencia no se puede echar a la gente porque se hayan sobrepasado las 5.000 personas de capacidad del campo, es mejor dejar algo de exceso de capacidad. La tubería e y e' se instalan también en 63 mm.

PEAD 63 mm, $J_{0,6 \text{ l/s}}$ = 1,7 m/km

8. La presión de los puntos es:

P_0 = 30 m
P_1 = 30 m – 0,7 km * 3,5 m/km = 27,55m
P_2 = 27,55m – 0,7 km * 6 m/km = 23,35m
P_3 = 23,35m – 0,7 km * 1,7 m/km = 22,16m

9. La tubería c y d puede ser de 40 mm:

P_5 = 30m – 0,7 km * 15 m/km = 19,5m
P_4 = 27,55m – 0,7 km * 15 m/km = 17,05m

El sistema queda:

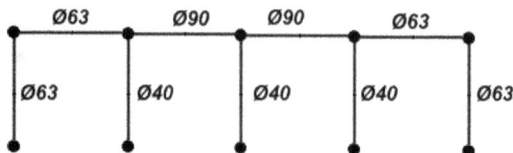

27 Un pueblo de 9.600 personas crece al 3% anual. Las fuentes que lo alimentaban ya no pueden hacer frente a la demanda y se planea la construcción de una tubería desde un embalse, a 8 km y 65 m de cota, hasta el pueblo a 21m. La pendiente es uniforme. El punto de conexión debe tener una presión mínima de 1,5 bar. Las facturas mensuales indican que el consumo es de 90 l/persona. Los habitantes tienen hábitos y costumbres parecidas.

1. La población futura a 30 años será:

$$P_f = P_o \left(1 + \frac{i}{100} \right)^t \qquad P_f = 9.600 \left(1 + \frac{3}{100} \right)^{30}$$

P_f = 23.300 personas

2. Como son más de 200 conexiones se usa el enfoque de variaciones temporales. Si los habitantes tienen costumbres parecidas usarán el agua de manera similar y en horas parecidas. Esto es desfavorable para la red a la que se le concentrará el trabajo en esas horas. Elegimos un multiplicador 4,2 entre la horquilla normal 3,5 y 4,5 (¡si, a ojímetro razonado!, los datos para hacer cálculos más detallados normalmente están ausentes).

Q = 23.300 personas * 90 l/persona día * 4,2 = 8.807.400 l/día
Q = 8.807.400 l/día * 1 día / 86400 s = 102 l/s

3. La pérdida de carga máxima es:

J_{max} = (65m – 21m -15m) / 8 km = 3,62 m/km.

Siempre se hace un estudio topográfico. Aunque la pendiente parezca homogénea, los estudios dan sorpresas. No hay proyecto que vaya sin estudio, aunque aquí lo obvio para mantener las cosas manejables.

4. Miramos en las tablas. Cómo en el libro nos quedamos sin tablas vamos a la versión completa online:

www.arnalich.com/dwnl/headloss.zip

Las tuberías de PEAD a partir de 8" requieren máquinas de soldadura muy caras. Si no las hay en la zona, quizás no merezca la pena la inversión, o simplemente encarecen demasiado el proyecto.

5.   Nos decidimos por PVC:

$$J_{315} = 6 \text{ m/km} \quad \text{y} \quad J_{400} = 1,9 \text{ m/km}$$

Las tuberías de gran diámetro son muy caras y merece ajustar los diámetros exactamente para disminuir los costes.

6.   Se instala una mezcla de tuberías:

$$J_{315}*x + J_{400} (d-x) = D$$

$$6 \text{ m/km} * x + 1,9 \text{ m/km} (8 -x) = 65m - 21m -15m$$

$$4,1x + 15,2 = 29$$

$$4,1x = 13,8 \quad \rightarrow \quad x = 3.366m \text{ de tubería de 315mm}$$

$$d-x = 8.000m - 3.366m = 4.634m \text{ de tubería de 400mm.}$$

28 **Desde un depósito elevado a 18m sobre un terreno plano, se quiere alimentar el siguiente sistema en un pequeño grupo de aldeas rurales a razón de 40 litros/persona*día. Existe una conexión por cada 8 personas. En la aldea A hay 25 conexiones, 100 en la B y 200 en la C; hace mucho tiempo que no crecen:**

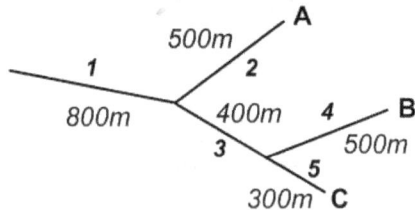

1.   Si no crecen, no hace falta proyectar al futuro. Por otro lado, el sistema es pequeño y las distancias cortas. No se van a instalar tuberías de diámetro

mínimo y por el tamaño de los grupos de conexiones, se hará por simultaneidad.

2. Igual que se ha repartido antes el caudal, conviene repartir las conexiones que le tocan a cada tubería:

    •   Tubería 1, 325 conexiones → No necesaria la simultaneidad. Se puede aplicar el gráfico o usar el multiplicador 3,5-4,5. Observa que los resultados son muy similares. Tomamos a ojo un multiplicador de variaciones temporales de C_t =4.
    •   Tubería 2, 25 conexiones → Simultaneidad, coeficiente C_2 = 14.
    •   Tubería 3, 300 conexiones → No es necesaria la simultaneidad.
    •   Tubería 4, 100 conexiones → Simultaneidad, coeficiente C_4 = 7,2.
    •   Tubería 5, 200 conexiones → Simultaneidad, coeficiente C_4 = 5,3.

Los valores de simultaneidad se obtienen del gráfico:

Multiplicador

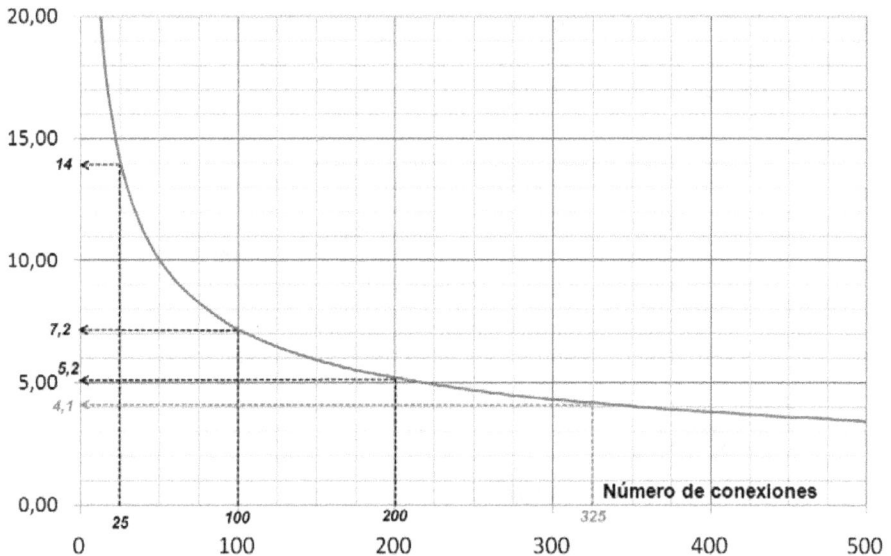

3. Se calculan los caudales ajustados de cada tubería, multiplicando el caudal medio por el multiplicador. El caudal medio que produce una conexión es:

    Q= 40 l/per*día * 8 per/ conexión * (1 día / 86.400s) = 0,003704 l/s

Por ejemplo, la Tubería 1 tiene un caudal medio de 325 conexiones *
0,003704 l/s*conexión = 1,204 l/s. Su caudal ajustado es 1,204 l/s * 4 = 4,82
l/s. Y así sucesivamente con todas las tuberías. Los resultados se resumen
en esta tabla:

0,003704	Conexiones	Q medio	C. simult.	Q. ajustado
Tubería 1	325	1,204	4	4,82
Tubería 2	25	0,093	14	1,30
Tubería 3	300	1,111	4	4,44
Tubería 4	100	0,370	7,2	2,67
Tubería 5	200	0,741	5,2	3,85

4. Se calculan los diámetros necesarios para los valores de caudal ajustado. El
recorrido más largo, tuberías 1, 3 y 4 es 1.700m. Apuntando a llegar con
10m:

$$J_{max} = (18m - 10m) / 1,7 \text{ km} = 4,7 \text{ m/km}$$

Como no hay mucho margen de presión, se eligen las tuberías que tienen
una pérdida de carga igual o menor a 4,7 m/km entre todas, sin necesidad
de ajustar mucho. En PEAD:

La tubería 1 será 110mm → $J_{4,82 \text{ l/s}}$ = 4,75 m/km
La tubería 3 será 110mm → $J_{4,44 \text{ l/s}}$ = 4,25 m/km
La tubería 4 será 90mm → $J_{2,67 \text{ l/s}}$ = 4,25 m/km
La tubería 2 será 90mm → $J_{1,3 \text{ l/s}}$ = 1,2 m/km
La tubería 5 será 110mm → $J_{3,85 \text{ l/s}}$ = 3,25 m/km

Te dejo a ti el comprobar que las presiones son mayores de 10m en todos
los puntos.

3. 4 CONSUMO NO MEDIDO

El consumo no medido es un cajón desastre donde van las fugas de la red, las
conexiones ilegales, los que sin ser ilegales no pagan… En algunos sistemas más
que ni medido es "no ingerido". Por ejemplo, en un sistema de emergencias con
fuentes públicas donde las personas van a consumir un mínimo de 15 l/día, hay que
tener cuenta que parte se derrama. Si a esto se le suma un valor normal de pérdidas
de una red nueva en torno al 20%, lo más probable es que acabe teniendo 10 litros.
Con cantidades tan bajas de agua, la diferencia entre 10 y 15 litros es un mundo.

Toma en torno a un 20% más para tenerlas en cuenta, es decir, si la demanda base era 10 l/s, la nueva demanda sería 10* 1,2 = 12 l/s (aumentar un 20% y multiplicar por 1,2 es lo mismo, un 35% sería multiplicar por 1,35).

Este diagrama resume el proceso de todo este capítulo:

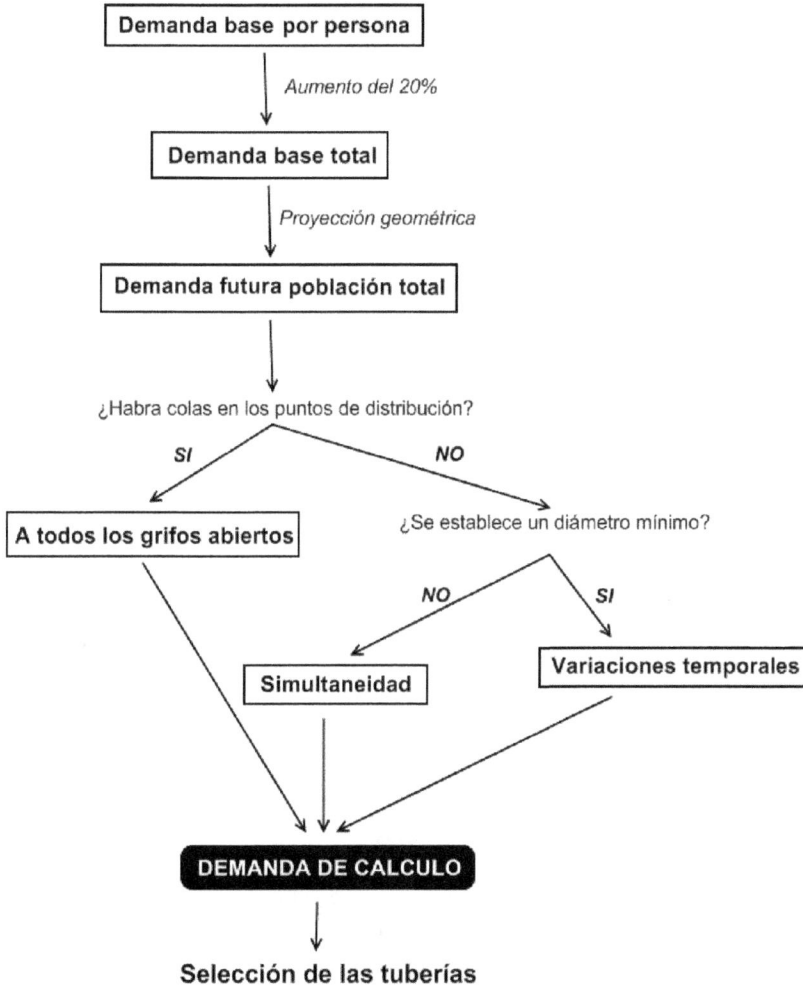

```
        ┌──────────────────────────────┐
        │  Demanda base por persona    │
        └──────────────────────────────┘
                      │  Aumento del 20%
                      ▼
           ┌───────────────────────┐
           │  Demanda base total   │
           └───────────────────────┘
                      │  Proyección geométrica
                      ▼
     ┌────────────────────────────────┐
     │  Demanda futura población total │
     └────────────────────────────────┘
                      │
                      ▼
        ¿Habra colas en los puntos de distribución?
           SI                          NO
     ┌──────────────────────────┐
     │ A todos los grifos abiertos │   ¿Se establece un diámetro mínimo?
     └──────────────────────────┘        NO         SI
                          ┌──────────────────┐   ┌──────────────────────────┐
                          │  Simultaneidad   │   │  Variaciones temporales  │
                          └──────────────────┘   └──────────────────────────┘
                      ▼   ▼   ▼
           ┌─────────────────────────┐
           │   DEMANDA DE CALCULO     │
           └─────────────────────────┘
                      │
                      ▼
            Selección de las tuberías
```

El orden en que hagas las multiplicaciones no afecta al resultado (da igual añadir el 20% al principio o al final).

Sobre el autor

Santiago Arnalich

Empieza con 26 años como responsable del Proyecto Kabul CAWSS Water Supply que abastece de agua a 565.000 personas, probablemente el mayor proyecto de abastecimiento de agua del momento. Desde entonces, ha diseñado mejoras para más de un millón de personas, incluyendo campos de refugiados en Tanzania, la ciudad de Meulaboh tras el Tsunami o los barrios pobres de Santa Cruz, Bolivia.

Actualmente es coordinador y fundador de Arnalich, Water and habitat, una empresa con fuerte compromiso social dedicada a promover el impacto de las organizaciones humanitarias a través de formación y asistencia técnica en el campo del abastecimiento de agua potable y la ingeniería ambiental.

Bibliografía

1. Arizmendi, L. (1991). *Instalaciones Urbanas, Infraestructura y Planeamiento*. Librería Editorial Bellisco.

2. Arnalich, S. (2008). *Abastecimiento de Agua por Gravedad. Concepción, Diseño y Dimensionado para Proyectos de Cooperación*. Arnalich, w&h.

   www.arnalich.com/libros.html

3. Arnalich, S. (2007). *Epanet y Cooperación. Introducción al Cálculo de Redes de Agua por Ordenador*. Arnalich, w&h.

   www.arnalich.com/libros.html

4. Arnalich, S. (2007). *Epanet y Cooperación. 44 Ejercicios progresivos comentados paso a paso*. Arnalich, w&h.

   www.arnalich.com/libros.html

5. Department of Lands, Valuation and Water (1983). *Gravity Fed Rural Piped Water Schemes*. Republic of Malawi.

6. Fuertes, V. S. y otros (2002). *Modelación y Diseño de Redes de Abastecimiento de Agua*. Servicio de Publicación de la Universidad Politécnica de Valencia.

7. Jordan T. D. (1980). *A Handbook of Gravity-Flow Water Systems*. Intermediate Technology Publications.

8. Mays L. W. (1999). *Water Distribution Systems Handbook*. McGraw-Hill Press.

9. Santosh Kumar Garg (2003). *Water Supply Engineering*. 14º ed. Khanna Publishers.

10. Stephenson, D. (1981). *"Pipeline Design for Water Engineers"*. Ed. Elsevier.

11. Walski, T. M. y otros (2003). *Advanced Water Distribution Modeling and Management*. Haestad Press, USA. Haestad methods.

ANEXOS

A.   TABLAS DE PERDIDA DE CARGA. TUBERIAS DE PLASTICO
(Cortesía de Uralita)

A continuación se reproducen tablas de pérdida de carga para las tuberías más frecuentes. Por motivos de espacio no se reproducen todas las posibilidades. Si necesitarás datos que no están aquí, consulta: www.arnalich.com/dwnl/headloss.zip

Para utilizarlas debes saber el material a utilizar, la presión máxima y el tipo de agua (limpia/sucia) que transportará. Para un caudal de 0,02 l/s, una tubería de PEAD de 25 mm y 16 bares transportando agua limpia (k=0,01) tiene una pérdida de carga de 0,6 m/km.

25 - PN 16		AGUA LIMPIA: K=0,01
P.Carga (m/km)	Q (l/s)	V (m/s)
0,50	0,018	0,06
0,60	0,020	0,06
0,70	0,022	0,07

J, pérdida de carga; Q, caudal y V, velocidad.

Importante: Las pérdidas de carga varían ligeramente de unos fabricantes a otros. Si el fabricante te proporciona datos fiables, utiliza los suyos preferentemente.

Las tuberías metálicas se denominan con el diámetro interno. Las de plástico en cambio, se denominan con el externo. Esta tabla resume aproximadamente los valores de diámetro interno (DI) para tuberías de plástico:

DN	25	32	40	50	63	75	90	110	125	140	160	180	200	250	315	400
DI PEAD	20	26	35	44	55	66	79	97	110	123	141	159	176	220	277	353
DI PVC	21	29	36	45	57	68	81	102	115	129	148	159	185	231	291	369

PEAD 25 -DI 20,4mm- PN 16			PEAD 32 -DI 26,2mm- PN 16		
J (m/km)	Q (l/s)	v (m/s)	J (m/km)	Q (l/s)	v (m/s)
0,50	0,018	0,06	0,50	0,037	0,07
0,60	0,020	0,06	0,60	0,041	0,08
0,70	0,022	0,07	0,70	0,045	0,08
0,80	0,024	0,07	0,80	0,049	0,09
0,90	0,026	0,08	0,90	0,052	0,10
1,00	0,028	0,08	1,00	0,056	0,10
1,10	0,029	0,09	1,10	0,059	0,11
1,20	0,031	0,09	1,20	0,062	0,11
1,30	0,032	0,10	1,30	0,065	0,12
1,40	0,034	0,10	1,40	0,068	0,13
1,50	0,035	0,11	1,50	0,071	0,13
1,60	0,037	0,11	1,60	0,073	0,14
1,70	0,038	0,12	1,70	0,076	0,14
1,80	0,039	0,12	1,80	0,079	0,15
1,90	0,041	0,12	1,90	0,081	0,15
2,00	0,042	0,13	2,00	0,084	0,16
2,25	0,045	0,14	2,25	0,090	0,17
2,50	0,048	0,15	2,50	0,095	0,18
2,75	0,050	0,15	2,75	0,101	0,19
3,00	0,053	0,16	3,00	0,106	0,20
3,25	0,056	0,17	3,25	0,111	0,21
3,50	0,058	0,18	3,50	0,116	0,22
3,75	0,061	0,19	3,75	0,121	0,22
4,00	0,063	0,19	4,00	0,125	0,23
4,25	0,065	0,20	4,25	0,130	0,24
4,50	0,067	0,21	4,50	0,134	0,25
4,75	0,070	0,21	4,75	0,139	0,26
5,00	0,072	0,22	5,00	0,143	0,26
5,50	0,076	0,23	5,50	0,151	0,28
6,00	0,080	0,24	6,00	0,159	0,29
6,50	0,084	0,26	6,50	0,166	0,31
7,00	0,087	0,27	7,00	0,173	0,32
7,50	0,091	0,28	7,50	0,180	0,33
8,00	0,094	0,29	8,00	0,187	0,35
8,50	0,098	0,30	8,50	0,194	0,36
9,00	0,101	0,31	9,00	0,200	0,37
10,00	0,107	0,33	10,00	0,213	0,39
12,00	0,119	0,36	12,00	0,236	0,44
15,00	0,136	0,41	15,00	0,269	0,50
20,00	0,160	0,49	20,00	0,316	0,59
30,00	0,202	0,62	30,00	0,398	0,74
45,00	0,254	0,78	45,00	0,501	0,93
60,00	0,299	0,91	60,00	0,589	1,09

PEAD 40 -DI 35,2mm- PN 10			PEAD 40 -DI 32,6mm- PN 16		
J (m/km)	Q (l/s)	v (m/s)	J (m/km)	Q (l/s)	v (m/s)
0,50	0,084	0,09	0,50	0,068	0,08
0,60	0,093	0,10	0,60	0,075	0,09
0,70	0,102	0,10	0,70	0,083	0,10
0,80	0,111	0,11	0,80	0,089	0,11
0,90	0,118	0,12	0,90	0,096	0,11
1,00	0,126	0,13	1,00	0,102	0,12
1,10	0,133	0,14	1,10	0,108	0,13
1,20	0,140	0,14	1,20	0,113	0,14
1,30	0,147	0,15	1,30	0,119	0,14
1,40	0,153	0,16	1,40	0,124	0,15
1,50	0,160	0,16	1,50	0,129	0,15
1,60	0,166	0,17	1,60	0,134	0,16
1,70	0,172	0,18	1,70	0,139	0,17
1,80	0,178	0,18	1,80	0,144	0,17
1,90	0,183	0,19	1,90	0,148	0,18
2,00	0,189	0,19	2,00	0,153	0,18
2,25	0,202	0,21	2,25	0,164	0,20
2,50	0,215	0,22	2,50	0,174	0,21
2,75	0,227	0,23	2,75	0,184	0,22
3,00	0,239	0,25	3,00	0,193	0,23
3,25	0,250	0,26	3,25	0,203	0,24
3,50	0,261	0,27	3,50	0,211	0,25
3,75	0,272	0,28	3,75	0,220	0,26
4,00	0,282	0,29	4,00	0,228	0,27
4,25	0,292	0,30	4,25	0,237	0,28
4,50	0,302	0,31	4,50	0,244	0,29
4,75	0,311	0,32	4,75	0,252	0,30
5,00	0,320	0,33	5,00	0,260	0,31
5,50	0,338	0,35	5,50	0,274	0,33
6,00	0,356	0,37	6,00	0,288	0,35
6,50	0,372	0,38	6,50	0,302	0,36
7,00	0,388	0,40	7,00	0,315	0,38
7,50	0,404	0,42	7,50	0,328	0,39
8,00	0,419	0,43	8,00	0,340	0,41
8,50	0,434	0,45	8,50	0,352	0,42
9,00	0,448	0,46	9,00	0,364	0,44
10,00	0,476	0,49	10,00	0,386	0,46
12,00	0,528	0,54	12,00	0,429	0,51
15,00	0,599	0,62	15,00	0,487	0,58
20,00	0,705	0,72	20,00	0,573	0,69
30,00	0,885	0,91	30,00	0,720	0,86
45,00	1,111	1,14	45,00	0,904	1,08
60,00	1,304	1,34	60,00	1,061	1,27

PEAD 63 -DI 55,4mm- PN 10			PEAD 63 -DI 51,4mm- PN 16		
J (m/km)	Q (l/s)	v (m/s)	J (m/km)	Q (l/s)	v (m/s)
0,50	0,293	0,12	0,50	0,239	0,12
0,60	0,326	0,14	0,60	0,265	0,13
0,70	0,357	0,15	0,70	0,290	0,14
0,80	0,385	0,16	0,80	0,314	0,15
0,90	0,412	0,17	0,90	0,336	0,16
1,00	0,438	0,18	1,00	0,357	0,17
1,10	0,463	0,19	1,10	0,377	0,18
1,20	0,487	0,20	1,20	0,396	0,19
1,30	0,510	0,21	1,30	0,415	0,20
1,40	0,532	0,22	1,40	0,433	0,21
1,50	0,553	0,23	1,50	0,451	0,22
1,60	0,574	0,24	1,60	0,468	0,23
1,70	0,594	0,25	1,70	0,484	0,23
1,80	0,614	0,25	1,80	0,501	0,24
1,90	0,633	0,26	1,90	0,516	0,25
2,00	0,652	0,27	2,00	0,532	0,26
2,25	0,698	0,29	2,25	0,569	0,27
2,50	0,741	0,31	2,50	0,604	0,29
2,75	0,782	0,32	2,75	0,638	0,31
3,00	0,822	0,34	3,00	0,671	0,32
3,25	0,860	0,36	3,25	0,702	0,34
3,50	0,897	0,37	3,50	0,732	0,35
3,75	0,933	0,39	3,75	0,762	0,37
4,00	0,968	0,40	4,00	0,790	0,38
4,25	1,002	0,42	4,25	0,818	0,39
4,50	1,035	0,43	4,50	0,845	0,41
4,75	1,067	0,44	4,75	0,871	0,42
5,00	1,099	0,46	5,00	0,897	0,43
5,50	1,159	0,48	5,50	0,947	0,46
6,00	1,218	0,51	6,00	0,994	0,48
6,50	1,274	0,53	6,50	1,040	0,50
7,00	1,329	0,55	7,00	1,085	0,52
7,50	1,381	0,57	7,50	1,128	0,54
8,00	1,432	0,59	8,00	1,170	0,56
8,50	1,482	0,61	8,50	1,211	0,58
9,00	1,531	0,63	9,00	1,250	0,60
10,00	1,624	0,67	10,00	1,327	0,64
12,00	1,799	0,75	12,00	1,470	0,71
15,00	2,038	0,85	15,00	1,666	0,80
20,00	2,393	0,99	20,00	1,957	0,94
30,00	2,998	1,24	30,00	2,452	1,18
45,00	3,752	1,56	45,00	3,070	1,48
60,00	4,396	1,82	60,00	3,598	1,73

PEAD 90 -DI 79,2mm- PN 10			PEAD 90 -DI 73,6mm- PN 16		
J (m/km)	Q (l/s)	v (m/s)	J (m/km)	Q (l/s)	v (m/s)
0,50	0,780	0,16	0,50	0,639	0,15
0,60	0,866	0,18	0,60	0,709	0,17
0,70	0,946	0,19	0,70	0,775	0,18
0,80	1,021	0,21	0,80	0,837	0,20
0,90	1,092	0,22	0,90	0,895	0,21
1,00	1,160	0,24	1,00	0,950	0,22
1,10	1,225	0,25	1,10	1,004	0,24
1,20	1,287	0,26	1,20	1,055	0,25
1,30	1,347	0,27	1,30	1,104	0,26
1,40	1,405	0,29	1,40	1,152	0,27
1,50	1,461	0,30	1,50	1,198	0,28
1,60	1,516	0,31	1,60	1,243	0,29
1,70	1,569	0,32	1,70	1,286	0,30
1,80	1,620	0,33	1,80	1,329	0,31
1,90	1,671	0,34	1,90	1,370	0,32
2,00	1,720	0,35	2,00	1,410	0,33
2,25	1,839	0,37	2,25	1,508	0,35
2,50	1,951	0,40	2,50	1,600	0,38
2,75	2,059	0,42	2,75	1,689	0,40
3,00	2,163	0,44	3,00	1,774	0,42
3,25	2,263	0,46	3,25	1,856	0,44
3,50	2,359	0,48	3,50	1,936	0,45
3,75	2,452	0,50	3,75	2,012	0,47
4,00	2,543	0,52	4,00	2,087	0,49
4,25	2,631	0,53	4,25	2,159	0,51
4,50	2,717	0,55	4,50	2,230	0,52
4,75	2,801	0,57	4,75	2,299	0,54
5,00	2,882	0,59	5,00	2,366	0,56
5,50	3,041	0,62	5,50	2,496	0,59
6,00	3,192	0,65	6,00	2,621	0,62
6,50	3,339	0,68	6,50	2,741	0,64
7,00	3,480	0,71	7,00	2,857	0,67
7,50	3,617	0,73	7,50	2,970	0,70
8,00	3,749	0,76	8,00	3,079	0,72
8,50	3,878	0,79	8,50	3,185	0,75
9,00	4,004	0,81	9,00	3,288	0,77
10,00	4,246	0,86	10,00	3,487	0,82
12,00	4,699	0,95	12,00	3,860	0,91
15,00	5,318	1,08	15,00	4,370	1,03
20,00	6,236	1,27	20,00	5,125	1,20
30,00	7,798	1,58	30,00	6,411	1,51
45,00	9,740	1,98	45,00	8,011	1,88
60,00	11,398	2,31	60,00	9,377	2,20

PEAD 110 -DI 96,8mm- PN 10			PEAD 110 -DI 90mm- PN 16		
J (m/km)	Q (l/s)	v (m/s)	J (m/km)	Q (l/s)	v (m/s)
0,50	1,347	0,18	0,50	1,105	0,17
0,60	1,495	0,20	0,60	1,227	0,19
0,70	1,632	0,22	0,70	1,339	0,21
0,80	1,761	0,24	0,80	1,445	0,23
0,90	1,883	0,26	0,90	1,546	0,24
1,00	1,999	0,27	1,00	1,641	0,26
1,10	2,110	0,29	1,10	1,732	0,27
1,20	2,216	0,30	1,20	1,820	0,29
1,30	2,319	0,32	1,30	1,904	0,30
1,40	2,418	0,33	1,40	1,986	0,31
1,50	2,514	0,34	1,50	2,065	0,32
1,60	2,608	0,35	1,60	2,142	0,34
1,70	2,698	0,37	1,70	2,217	0,35
1,80	2,787	0,38	1,80	2,289	0,36
1,90	2,873	0,39	1,90	2,360	0,37
2,00	2,957	0,40	2,00	2,430	0,38
2,25	3,160	0,43	2,25	2,597	0,41
2,50	3,353	0,46	2,50	2,755	0,43
2,75	3,537	0,48	2,75	2,907	0,46
3,00	3,714	0,50	3,00	3,053	0,48
3,25	3,885	0,53	3,25	3,193	0,50
3,50	4,049	0,55	3,50	3,329	0,52
3,75	4,209	0,57	3,75	3,460	0,54
4,00	4,364	0,59	4,00	3,588	0,56
4,25	4,514	0,61	4,25	3,712	0,58
4,50	4,661	0,63	4,50	3,832	0,60
4,75	4,804	0,65	4,75	3,950	0,62
5,00	4,943	0,67	5,00	4,065	0,64
5,50	5,213	0,71	5,50	4,287	0,67
6,00	5,472	0,74	6,00	4,501	0,71
6,50	5,722	0,78	6,50	4,706	0,74
7,00	5,962	0,81	7,00	4,905	0,77
7,50	6,196	0,84	7,50	5,097	0,80
8,00	6,422	0,87	8,00	5,283	0,83
8,50	6,642	0,90	8,50	5,464	0,86
9,00	6,856	0,93	9,00	5,641	0,89
10,00	7,268	0,99	10,00	5,981	0,94
12,00	8,040	1,09	12,00	6,617	1,04
15,00	9,095	1,24	15,00	7,486	1,18
20,00	10,656	1,45	20,00	8,774	1,38
30,00	13,312	1,81	30,00	10,965	1,72
45,00	16,612	2,26	45,00	13,688	2,15
60,00	19,426	2,64	60,00	16,010	2,52

PEAD 160 -DI 141mm- PN 10			PEAD 160 -DI 130,8mm- PN 16		
J (m/km)	Q (l/s)	v (m/s)	J (m/km)	Q (l/s)	v (m/s)
0,50	3,732	0,24	0,50	3,046	0,23
0,60	4,136	0,26	0,60	3,377	0,25
0,70	4,512	0,29	0,70	3,685	0,27
0,80	4,865	0,31	0,80	3,973	0,30
0,90	5,198	0,33	0,90	4,246	0,32
1,00	5,515	0,35	1,00	4,506	0,34
1,10	5,818	0,37	1,10	4,754	0,35
1,20	6,110	0,39	1,20	4,992	0,37
1,30	6,390	0,41	1,30	5,222	0,39
1,40	6,661	0,43	1,40	5,443	0,41
1,50	6,923	0,44	1,50	5,658	0,42
1,60	7,178	0,46	1,60	5,867	0,44
1,70	7,426	0,48	1,70	6,069	0,45
1,80	7,667	0,49	1,80	6,267	0,47
1,90	7,902	0,51	1,90	6,459	0,48
2,00	8,131	0,52	2,00	6,647	0,49
2,25	8,684	0,56	2,25	7,100	0,53
2,50	9,209	0,59	2,50	7,530	0,56
2,75	9,711	0,62	2,75	7,941	0,59
3,00	10,193	0,65	3,00	8,335	0,62
3,25	10,656	0,68	3,25	8,715	0,65
3,50	11,104	0,71	3,50	9,082	0,68
3,75	11,538	0,74	3,75	9,438	0,70
4,00	11,959	0,77	4,00	9,782	0,73
4,25	12,367	0,79	4,25	10,117	0,75
4,50	12,765	0,82	4,50	10,443	0,78
4,75	13,154	0,84	4,75	10,761	0,80
5,00	13,532	0,87	5,00	11,072	0,82
5,50	14,265	0,91	5,50	11,672	0,87
6,00	14,968	0,96	6,00	12,248	0,91
6,50	15,644	1,00	6,50	12,803	0,95
7,00	16,298	1,04	7,00	13,338	0,99
7,50	16,930	1,08	7,50	13,856	1,03
8,00	17,543	1,12	8,00	14,359	1,07
8,50	18,138	1,16	8,50	14,847	1,10
9,00	18,718	1,20	9,00	15,322	1,14
10,00	19,835	1,27	10,00	16,238	1,21
12,00	21,924	1,40	12,00	17,951	1,34
15,00	24,775	1,59	15,00	20,290	1,51
20,00	28,994	1,86	20,00	23,750	1,77
30,00	36,156	2,32	30,00	29,627	2,20
45,00	45,043	2,88	45,00	36,921	2,75
60,00	52,609	3,37	60,00	43,133	3,21

PEAD 200 -DI 176,2mm- PN 10			PEAD 200 -DI 163,6mm- PN 16		
J (m/km)	Q (l/s)	v (m/s)	J (m/km)	Q (l/s)	v (m/s)
0,50	6,805	0,28	0,50	5,573	0,27
0,60	7,539	0,31	0,60	6,175	0,29
0,70	8,221	0,34	0,70	6,734	0,32
0,80	8,860	0,36	0,80	7,258	0,35
0,90	9,463	0,39	0,90	7,754	0,37
1,00	10,038	0,41	1,00	8,225	0,39
1,10	10,587	0,43	1,10	8,676	0,41
1,20	11,114	0,46	1,20	9,108	0,43
1,30	11,621	0,48	1,30	9,525	0,45
1,40	12,112	0,50	1,40	9,928	0,47
1,50	12,586	0,52	1,50	10,317	0,49
1,60	13,047	0,54	1,60	10,695	0,51
1,70	13,495	0,55	1,70	11,063	0,53
1,80	13,931	0,57	1,80	11,421	0,54
1,90	14,356	0,59	1,90	11,770	0,56
2,00	14,771	0,61	2,00	12,111	0,58
2,25	15,769	0,65	2,25	12,931	0,62
2,50	16,719	0,69	2,50	13,710	0,65
2,75	17,625	0,72	2,75	14,455	0,69
3,00	18,496	0,76	3,00	15,170	0,72
3,25	19,333	0,79	3,25	15,858	0,75
3,50	20,142	0,83	3,50	16,523	0,79
3,75	20,925	0,86	3,75	17,166	0,82
4,00	21,684	0,89	4,00	17,790	0,85
4,25	22,422	0,92	4,25	18,396	0,88
4,50	23,140	0,95	4,50	18,986	0,90
4,75	23,840	0,98	4,75	19,562	0,93
5,00	24,524	1,01	5,00	20,123	0,96
5,50	25,846	1,06	5,50	21,209	1,01
6,00	27,113	1,11	6,00	22,251	1,06
6,50	28,333	1,16	6,50	23,254	1,11
7,00	29,510	1,21	7,00	24,221	1,15
7,50	30,650	1,26	7,50	25,158	1,20
8,00	31,754	1,30	8,00	26,066	1,24
8,50	32,828	1,35	8,50	26,948	1,28
9,00	33,872	1,39	9,00	27,807	1,32
10,00	35,884	1,47	10,00	29,461	1,40
12,00	39,645	1,63	12,00	32,554	1,55
15,00	44,778	1,84	15,00	36,775	1,75
20,00	52,366	2,15	20,00	43,017	2,05
30,00	65,239	2,68	30,00	53,609	2,55
45,00	81,195	3,33	45,00	66,741	3,17
60,00	94,771	3,89	60,00	77,918	3,71

PVC 40 -DI 36,2mm- PN 10			PVC 40 -DI 34mm- PN 16		
J (m/km)	Q (l/s)	v m/s)	J (m/km)	Q (l/s)	v (m/s)
0,50	0,091	0,09	0,50	0,076	0,08
0,60	0,101	0,10	0,60	0,085	0,09
0,70	0,110	0,11	0,70	0,093	0,10
0,80	0,119	0,12	0,80	0,100	0,11
0,90	0,128	0,12	0,90	0,108	0,12
1,00	0,136	0,13	1,00	0,114	0,13
1,10	0,144	0,14	1,10	0,121	0,13
1,20	0,151	0,15	1,20	0,127	0,14
1,30	0,159	0,15	1,30	0,133	0,15
1,40	0,166	0,16	1,40	0,139	0,15
1,50	0,172	0,17	1,50	0,145	0,16
1,60	0,179	0,17	1,60	0,151	0,17
1,70	0,186	0,18	1,70	0,156	0,17
1,80	0,192	0,19	1,80	0,161	0,18
1,90	0,198	0,19	1,90	0,167	0,18
2,00	0,204	0,20	2,00	0,172	0,19
2,25	0,218	0,21	2,25	0,184	0,20
2,50	0,232	0,23	2,50	0,195	0,22
2,75	0,245	0,24	2,75	0,206	0,23
3,00	0,258	0,25	3,00	0,217	0,24
3,25	0,270	0,26	3,25	0,227	0,25
3,50	0,282	0,27	3,50	0,237	0,26
3,75	0,293	0,28	3,75	0,247	0,27
4,00	0,304	0,30	4,00	0,256	0,28
4,25	0,315	0,31	4,25	0,265	0,29
4,50	0,326	0,32	4,50	0,274	0,30
4,75	0,336	0,33	4,75	0,283	0,31
5,00	0,346	0,34	5,00	0,291	0,32
5,50	0,365	0,35	5,50	0,308	0,34
6,00	0,384	0,37	6,00	0,324	0,36
6,50	0,402	0,39	6,50	0,339	0,37
7,00	0,419	0,41	7,00	0,353	0,39
7,50	0,436	0,42	7,50	0,368	0,40
8,00	0,452	0,44	8,00	0,381	0,42
8,50	0,468	0,45	8,50	0,395	0,43
9,00	0,484	0,47	9,00	0,408	0,45
10,00	0,514	0,50	10,00	0,433	0,48
12,00	0,570	0,55	12,00	0,481	0,53
15,00	0,646	0,63	15,00	0,545	0,60
20,00	0,760	0,74	20,00	0,642	0,71
30,00	0,955	0,93	30,00	0,806	0,89
45,00	1,198	1,16	45,00	1,012	1,11
60,00	1,406	1,37	60,00	1,188	1,31

PVC 63 -DI 57mm- PN 10			PVC 63 -DI 53,6mm- PN 16		
J (m/km)	Q (l/s)	v m/s	J (m/km)	Q (l/s)	v (m/s)
0,50	0,317	0,12	0,50	0,268	0,12
0,60	0,353	0,14	0,60	0,298	0,13
0,70	0,385	0,15	0,70	0,326	0,14
0,80	0,416	0,16	0,80	0,352	0,16
0,90	0,446	0,17	0,90	0,377	0,17
1,00	0,474	0,19	1,00	0,400	0,18
1,10	0,500	0,20	1,10	0,423	0,19
1,20	0,526	0,21	1,20	0,445	0,20
1,30	0,551	0,22	1,30	0,466	0,21
1,40	0,575	0,23	1,40	0,486	0,22
1,50	0,598	0,23	1,50	0,506	0,22
1,60	0,620	0,24	1,60	0,525	0,23
1,70	0,642	0,25	1,70	0,543	0,24
1,80	0,664	0,26	1,80	0,561	0,25
1,90	0,684	0,27	1,90	0,579	0,26
2,00	0,705	0,28	2,00	0,596	0,26
2,25	0,754	0,30	2,25	0,638	0,28
2,50	0,801	0,31	2,50	0,677	0,30
2,75	0,845	0,33	2,75	0,715	0,32
3,00	0,888	0,35	3,00	0,752	0,33
3,25	0,929	0,36	3,25	0,787	0,35
3,50	0,969	0,38	3,50	0,820	0,36
3,75	1,008	0,40	3,75	0,853	0,38
4,00	1,046	0,41	4,00	0,885	0,39
4,25	1,082	0,42	4,25	0,916	0,41
4,50	1,118	0,44	4,50	0,946	0,42
4,75	1,153	0,45	4,75	0,976	0,43
5,00	1,187	0,47	5,00	1,005	0,45
5,50	1,252	0,49	5,50	1,060	0,47
6,00	1,315	0,52	6,00	1,114	0,49
6,50	1,376	0,54	6,50	1,165	0,52
7,00	1,435	0,56	7,00	1,215	0,54
7,50	1,492	0,58	7,50	1,263	0,56
8,00	1,547	0,61	8,00	1,310	0,58
8,50	1,601	0,63	8,50	1,356	0,60
9,00	1,653	0,65	9,00	1,400	0,62
10,00	1,754	0,69	10,00	1,486	0,66
12,00	1,942	0,76	12,00	1,646	0,73
15,00	2,200	0,86	15,00	1,865	0,83
20,00	2,583	1,01	20,00	2,190	0,97
30,00	3,236	1,27	30,00	2,744	1,22
45,00	4,049	1,59	45,00	3,435	1,52
60,00	4,744	1,86	60,00	4,025	1,78

PVC 90 -DI 81,4mm- PN 10			PVC 90 -DI 76,6mm- PN 16		
J (m/km)	Q (l/s)	v (m/s)	J (m/km)	Q (l/s)	v (m/s)
0,50	0,841	0,16	0,50	0,712	0,15
0,60	0,933	0,18	0,60	0,791	0,17
0,70	1,019	0,20	0,70	0,864	0,19
0,80	1,100	0,21	0,80	0,933	0,20
0,90	1,177	0,23	0,90	0,998	0,22
1,00	1,250	0,24	1,00	1,060	0,23
1,10	1,319	0,25	1,10	1,119	0,24
1,20	1,386	0,27	1,20	1,176	0,26
1,30	1,451	0,28	1,30	1,230	0,27
1,40	1,513	0,29	1,40	1,283	0,28
1,50	1,574	0,30	1,50	1,335	0,29
1,60	1,632	0,31	1,60	1,385	0,30
1,70	1,689	0,32	1,70	1,433	0,31
1,80	1,745	0,34	1,80	1,480	0,32
1,90	1,799	0,35	1,90	1,526	0,33
2,00	1,852	0,36	2,00	1,571	0,34
2,25	1,980	0,38	2,25	1,680	0,36
2,50	2,101	0,40	2,50	1,783	0,39
2,75	2,217	0,43	2,75	1,882	0,41
3,00	2,329	0,45	3,00	1,976	0,43
3,25	2,436	0,47	3,25	2,068	0,45
3,50	2,540	0,49	3,50	2,156	0,47
3,75	2,640	0,51	3,75	2,241	0,49
4,00	2,738	0,53	4,00	2,324	0,50
4,25	2,833	0,54	4,25	2,405	0,52
4,50	2,925	0,56	4,50	2,483	0,54
4,75	3,015	0,58	4,75	2,560	0,56
5,00	3,103	0,60	5,00	2,635	0,57
5,50	3,273	0,63	5,50	2,779	0,60
6,00	3,436	0,66	6,00	2,918	0,63
6,50	3,594	0,69	6,50	3,052	0,66
7,00	3,746	0,72	7,00	3,181	0,69
7,50	3,893	0,75	7,50	3,306	0,72
8,00	4,035	0,78	8,00	3,428	0,74
8,50	4,174	0,80	8,50	3,546	0,77
9,00	4,309	0,83	9,00	3,661	0,79
10,00	4,570	0,88	10,00	3,882	0,84
12,00	5,057	0,97	12,00	4,297	0,93
15,00	5,723	1,10	15,00	4,864	1,06
20,00	6,710	1,29	20,00	5,704	1,24
30,00	8,389	1,61	30,00	7,133	1,55
45,00	10,478	2,01	45,00	8,912	1,93
60,00	12,260	2,36	60,00	10,429	2,26

PVC 110 -DI 101,6mm- PN 10			PVC 110 -DI 96,8mm- PN 16		
J (m/km)	Q (l/s)	v (m/s)	J (m/km)	Q (l/s)	v (m/s)
0,50	1,536	0,19	0,50	1,347	0,18
0,60	1,705	0,21	0,60	1,495	0,20
0,70	1,861	0,23	0,70	1,632	0,22
0,80	2,008	0,25	0,80	1,761	0,24
0,90	2,146	0,26	0,90	1,883	0,26
1,00	2,278	0,28	1,00	1,999	0,27
1,10	2,405	0,30	1,10	2,110	0,29
1,20	2,526	0,31	1,20	2,216	0,30
1,30	2,643	0,33	1,30	2,319	0,32
1,40	2,756	0,34	1,40	2,418	0,33
1,50	2,865	0,35	1,50	2,514	0,34
1,60	2,971	0,37	1,60	2,608	0,35
1,70	3,075	0,38	1,70	2,698	0,37
1,80	3,175	0,39	1,80	2,787	0,38
1,90	3,273	0,40	1,90	2,873	0,39
2,00	3,369	0,42	2,00	2,957	0,40
2,25	3,600	0,44	2,25	3,160	0,43
2,50	3,819	0,47	2,50	3,353	0,46
2,75	4,029	0,50	2,75	3,537	0,48
3,00	4,231	0,52	3,00	3,714	0,50
3,25	4,425	0,55	3,25	3,885	0,53
3,50	4,612	0,57	3,50	4,049	0,55
3,75	4,793	0,59	3,75	4,209	0,57
4,00	4,970	0,61	4,00	4,364	0,59
4,25	5,141	0,63	4,25	4,514	0,61
4,50	5,307	0,65	4,50	4,661	0,63
4,75	5,470	0,67	4,75	4,804	0,65
5,00	5,629	0,69	5,00	4,943	0,67
5,50	5,936	0,73	5,50	5,213	0,71
6,00	6,230	0,77	6,00	5,472	0,74
6,50	6,514	0,80	6,50	5,722	0,78
7,00	6,788	0,84	7,00	5,962	0,81
7,50	7,053	0,87	7,50	6,196	0,84
8,00	7,310	0,90	8,00	6,422	0,87
8,50	7,560	0,93	8,50	6,642	0,90
9,00	7,803	0,96	9,00	6,856	0,93
10,00	8,272	1,02	10,00	7,268	0,99
12,00	9,150	1,13	12,00	8,040	1,09
15,00	10,349	1,28	15,00	9,095	1,24
20,00	12,124	1,50	20,00	10,656	1,45
30,00	15,142	1,87	30,00	13,312	1,81
45,00	18,891	2,33	45,00	16,612	2,26
60,00	22,088	2,72	60,00	19,426	2,64

PVC 160 -DI 147,6mm- PN 10			PVC 160 -DI 141mm- PN 16		
J (m/km)	Q (l/s)	v (m/s)	J (m/km)	Q (l/s)	v (m/s)
0,50	4,222	0,25	0,50	3,732	0,24
0,60	4,680	0,27	0,60	4,136	0,26
0,70	5,104	0,30	0,70	4,512	0,29
0,80	5,503	0,32	0,80	4,865	0,31
0,90	5,879	0,34	0,90	5,198	0,33
1,00	6,238	0,36	1,00	5,515	0,35
1,10	6,580	0,38	1,10	5,818	0,37
1,20	6,909	0,40	1,20	6,110	0,39
1,30	7,226	0,42	1,30	6,390	0,41
1,40	7,532	0,44	1,40	6,661	0,43
1,50	7,828	0,46	1,50	6,923	0,44
1,60	8,116	0,47	1,60	7,178	0,46
1,70	8,395	0,49	1,70	7,426	0,48
1,80	8,668	0,51	1,80	7,667	0,49
1,90	8,933	0,52	1,90	7,902	0,51
2,00	9,193	0,54	2,00	8,131	0,52
2,25	9,816	0,57	2,25	8,684	0,56
2,50	10,409	0,61	2,50	9,209	0,59
2,75	10,976	0,64	2,75	9,711	0,62
3,00	11,520	0,67	3,00	10,193	0,65
3,25	12,044	0,70	3,25	10,656	0,68
3,50	12,550	0,73	3,50	11,104	0,71
3,75	13,039	0,76	3,75	11,538	0,74
4,00	13,514	0,79	4,00	11,959	0,77
4,25	13,976	0,82	4,25	12,367	0,79
4,50	14,425	0,84	4,50	12,765	0,82
4,75	14,863	0,87	4,75	13,154	0,84
5,00	15,291	0,89	5,00	13,532	0,87
5,50	16,118	0,94	5,50	14,265	0,91
6,00	16,911	0,99	6,00	14,968	0,96
6,50	17,675	1,03	6,50	15,644	1,00
7,00	18,412	1,08	7,00	16,298	1,04
7,50	19,125	1,12	7,50	16,930	1,08
8,00	19,817	1,16	8,00	17,543	1,12
8,50	20,490	1,20	8,50	18,138	1,16
9,00	21,144	1,24	9,00	18,718	1,20
10,00	22,404	1,31	10,00	19,835	1,27
12,00	24,761	1,45	12,00	21,924	1,40
15,00	27,979	1,64	15,00	24,775	1,59
20,00	32,738	1,91	20,00	28,994	1,86
30,00	40,818	2,39	30,00	36,156	2,32
45,00	50,839	2,97	45,00	45,043	2,88
60,00	59,371	3,47	60,00	52,609	3,37

PVC 200 -DI 184,6mm- PN 10			PVC 200 -DI 176,2mm- PN 16		
J (m/km)	Q (l/s)	v (m/s)	J (m/km)	Q (l/s)	v (m/s)
0,50	7,714	0,29	0,50	6,805	0,28
0,60	8,545	0,32	0,60	7,539	0,31
0,70	9,316	0,35	0,70	8,221	0,34
0,80	10,04	0,38	0,80	8,86	0,36
0,90	10,723	0,4	0,90	9,463	0,39
1,00	11,373	0,42	1,00	10,038	0,41
1,10	11,995	0,45	1,10	10,587	0,43
1,20	12,591	0,47	1,20	11,114	0,46
1,30	13,166	0,49	1,30	11,621	0,48
1,40	13,721	0,51	1,40	12,112	0,5
1,50	14,258	0,53	1,50	12,586	0,52
1,60	14,779	0,55	1,60	13,047	0,54
1,70	15,286	0,57	1,70	13,495	0,55
1,80	15,779	0,59	1,80	13,931	0,57
1,90	16,26	0,61	1,90	14,356	0,59
2,00	16,73	0,63	2,00	14,771	0,61
2,25	17,86	0,67	2,25	15,769	0,65
2,50	18,934	0,71	2,50	16,719	0,69
2,75	19,96	0,75	2,75	17,625	0,72
3,00	20,944	0,78	3,00	18,496	0,76
3,25	21,892	0,82	3,25	19,333	0,79
3,50	22,807	0,85	3,50	20,142	0,83
3,75	23,692	0,89	3,75	20,925	0,86
4,00	24,551	0,92	4,00	21,684	0,89
4,25	25,386	0,95	4,25	22,422	0,92
4,50	26,198	0,98	4,50	23,14	0,95
4,75	26,99	1,01	4,75	23,84	0,98
5,00	27,763	1,04	5,00	24,524	1,01
5,50	29,258	1,09	5,50	25,846	1,06
6,00	30,691	1,15	6,00	27,113	1,11
6,50	32,071	1,2	6,50	28,333	1,16
7,00	33,402	1,25	7,00	29,51	1,21
7,50	34,691	1,3	7,50	30,65	1,26
8,00	35,94	1,34	8,00	31,754	1,3
8,50	37,154	1,39	8,50	32,828	1,35
9,00	38,335	1,43	9,00	33,872	1,39
10,00	40,609	1,52	10,00	35,88	1,47
12,00	44,862	1,68	12,00	39,65	1,63
15,00	50,665	1,89	15,00	44,78	1,84
20,00	59,242	2,21	20,00	52,37	2,15
30,00	73,791	2,76	30,00	65,24	2,68
45,00	91,821	3,43	45,00	81,20	3,33
60,00	107,159	4,00	60,00	94,77	3,89

B.   TABLA DE PERDIDA DE CARGA. HIERRO GALVANIZADO

Valores aproximados de pérdida de carga en m/km de tubería de hierro galvanizado para tubería de media edad calculados usando la fórmula de Hazen-Williams.

Importante: Las pérdidas de carga varían ligeramente de unos fabricantes a otros y según las supuestos de cálculo. Si el fabricante te proporciona datos fiables, utiliza los suyos preferentemente.

Caudal	1/2"	1"	1 1/2"	2"	3"	4"	5"	6"
l/s	15mm	25mm	40mm	50mm	80mm	100mm	125mm	150mm
0,02	2,28							
0,05	12,46	1,22						
0,1	45,00	4,39						
0,15	95,34	9,31	0,94					
0,2	162,44	15,86	1,61					
0,25	245,56	23,97	2,43					
0,3	344,19	33,60	3,41	1,15				
0,35	457,92	44,71	4,53	1,53				
0,4	586,40	57,25	5,80	1,96				
0,45	729,33	71,20	7,22	2,43				
0,5	886,48	86,55	8,77	2,96				
0,6		121,31	12,30	4,15				
0,7		161,39	16,36	5,52				
0,8		206,67	20,95	7,07				
0,9		257,05	26,06	8,79				
1		312,43	31,67	10,68	0,92			
1,1		372,75	37,79	12,75	1,10			
1,2		437,93	44,40	14,98	1,29			
1,3		507,90	51,49	17,37	1,50			
1,4		582,62	59,06	19,92	1,72			
1,5		662,03	67,11	22,64	1,95			
1,6		746,08	75,63	25,51	2,20			
1,7			84,62	28,55	2,46			
1,8			94,07	31,73	2,74			
1,9			103,98	35,07	3,03	1,02		
2			57,13	38,57	3,33	1,12		

Valores de pérdida de carga en m/km

Valores calculados sin ajuste por velocidad (válido para velocidades menores a 3m/s). Coeficiente de 110 para tuberías menores de 3" y 120 para 3" y mayores, correspondientes a tubería medianamente envejecida para aguas con carácter neutro (Índice de Langelier ±0,5).

Caudal (l/s)	15mm 1/2"	25mm 1"	40mm 1 1/2"	50mm 2"	80mm 3"	100mm 4"	125mm 5"	150mm 6"
2,2			64,38	46,02	3,97	1,34		
2,4			72,03	54,06	4,66	1,57		
2,6			80,07	62,70	5,41	1,83		
2,8			88,50	71,92	6,21	2,09		
3			97,32	81,73	7,05	2,38		
3,2			116,11	92,10	7,95	2,68		
3,4			136,41	103,05	8,89	3,00	1,01	
3,6			158,21	114,55	9,88	3,33	1,12	
3,8			181,49	126,62	10,93	3,69	1,24	
4			206,22	139,24	12,01	4,05	1,37	
4,5			232,41	173,18	14,94	5,04	1,70	
5				210,49	18,16	6,13	2,07	
5,5				251,13	21,67	7,31	2,47	1,01
6				295,04	25,46	8,59	2,90	1,19
6,5				342,18	29,53	9,96	3,36	1,38
7					33,87	11,43	3,85	1,59
8					43,37	14,63	4,94	2,03
9					53,94	18,20	6,14	2,53
10					65,57	22,12	7,46	3,07
11					78,23	26,39	8,90	3,66
12					91,90	31,00	10,46	4,30
15					138,94	46,87	15,81	6,51
20					236,70	79,84	26,93	11,08
25					357,83	120,70	40,72	16,76
30						169,19	57,07	23,49
40						288,24	97,23	40,01
50						435,75	146,99	60,49

Para calcular valores intermedios, puedes usar la fórmula de Hazen-Williams teniendo en cuenta las precauciones y valores en la nota del cuadro:

$$h = \frac{10,7 L Q^{1,852}}{C^{1,852} D^{4,87}}$$

Siendo: h, pérdida de carga en metros; L, longitud en metros; C, coeficiente de fricción y D, diámetro en metros y Q el caudal en m^3/s.

www.ingramcontent.com/pod-product-compliance
Lightning Source LLC
Chambersburg PA
CBHW071447200326
41519CB00019B/5649